布朗尼&古典巧克力蛋糕 幸福魔法

使用巧克力磚及喜愛的食用油

即可創造出超值美味

石橋 香◎著

瑞昇文化

CONTENTS

布朗尼

- 計量單位一大匙 =15ml、一小匙 =5ml。
- 奶油使用無鹽奶油。
- 材料上提及的砂糖指的是細粒砂糖。
  橄欖油則是特級初榨橄欖油。
  太白胡麻油指的是未經焙炒的透明芝麻油。
  椰子油則是精製過無味無臭的椰子油。
- 巧克力磚是使用森永製的巧克力（請參照 P.80）。
- 烘焙用巧克力是使用 VALRHONA 法芙娜的巧克力（請參照 P.80）。
- 微波爐若是無特別記載的話皆設定使用 600W。
- 本書所使用之烤箱皆為電子溫控烤箱。若是使用瓦斯烤箱者，烘培時請將溫度調降至比電子烤箱溫度低 10 度進行烘烤。但是關於加熱溫度、時間、烤好的狀態等都會依機型不同而有所差異，需要一邊確認烘烤狀態、一邊進行調整。

法式巧克力蛋糕

製作布朗尼與法式巧克力蛋糕的基本常識

無需使用特殊的巧克力或奶油，

只要利用隨處可得的巧克力磚及食用油就可創造出

極致美味的布朗尼與法式巧克力蛋糕。

製作方法也十分簡單！

只需在料理缽裡放入材料攪拌、再加入材料再攪拌，

重覆這些動作後進烤箱烘烤即可。

就連小朋友也可成功做出蛋糕！

用方形烤模製作的布朗尼、

用圓形烤模製作的法式巧克力蛋糕，

對於巧克力愛好者來說是無法抗拒的西點。

雖然沒有華麗的外表，

但在口中擴散開來滿滿的巧克力滋味是極品風味！

不只是下午茶，就連香檳或紅酒也很搭的超級甜點。

手作布朗尼與法式巧克力蛋糕，

不管是切塊或未切塊，

正因為它有著優雅別致的色調，

利用簡單的包裝就可成為時髦禮品。

不管是作為伴手禮或是情人節、聖誕節禮物，

就讓我們一起獻上盛滿心意的精緻禮物吧！

多方嘗試下而誕生的終極食譜

巧克力西點的代表作－布朗尼與法式巧克力蛋糕。

布朗尼具有介於蛋糕與餅乾之間的口感，

是一種使用方型烤模烘烤後切塊即可享用的簡易點心，

在美國的咖啡店或餐館等店，都會陳列很多的布朗尼，是不可或缺的西點。

至於法式巧克力蛋糕則是將巧克力的沉甸厚實感與蓬鬆蛋糕體融合為一的巧克力蛋糕。

乍看下似乎很難製作，但只要成功打發蛋白霜的話，轉眼間蛋糕就完成了！

然而，製作巧克力西點「需要準備特別的巧克力嗎？」

「是不是需要專業的西點師傅才可製作呢？」

「添加很多奶油，感覺很容易變胖～」，這些想法往往容易讓人敬而遠之。

因此，「既然如此的話，那就使用唾手可得的巧克力磚來製作吧！」

「用食用油來取代奶油來製作看看吧！」

就這樣，西點研究家的靈魂燃起了研究鬥志。

實際試作看看後發現，照以往的配方比例製作的話，

會有麵團過軟、難以變得蓬鬆，造成蛋糕體過硬的狀態，

就這樣，多方嘗試各種配方比例反覆試作的日子持續了一段時間。

最後，終於找到了理想的配方比例，

就是在本書中分享給各位的各款蛋糕食譜。

試作的最終結果發現，放入的油量減少許多，卡洛里也比一般的蛋糕低，

為了製作出鬆軟口感，研發出在麵團中加入熱水的小技巧。

連同前所未見的創新口味「馬卡龍布朗尼!?」「法式萊姆巧克力蛋糕!?」也陸續誕生！

儘管是使用巧克力磚與食用油，

也可製作出如同蛋糕店美味可口的布朗尼與法式巧克力蛋糕。

這些蛋糕食譜一定都可以滿足大人與小孩，

衷心期盼能有更多的人可以嘗試製作本書所介紹的布朗尼與法式巧克力蛋糕。

石橋かおり

布朗尼

所謂布朗尼，是指含有巧克力或堅果的美式家常西點，
1896 年位於波斯頓的一間料理學校的教科書上首次出現該西點名稱。
僅需將材料混合攪拌後放入烤箱烘烤即可，製作非常容易，
從入門款到意想不到、有趣的布朗尼，
各式各樣不同的布朗尼將在此介紹給各位！
非常適合當作禮物送給巧克力愛好者。

BROWNIE

入門款布朗尼

我所製作的布朗尼特色就是「外皮酥脆、內部濕潤鬆軟」。
為了保有鬆軟的口感，我會在麵團中加入一般不會添加的「熱水」。
於融化的巧克力中加入材料攪拌後，烘烤 15 ～ 20 分鐘即可完成！
請務必試著做做看使用巧克力磚就可製作出終極的布朗尼。

材料　18×18 cm方形烤模 1 盤份

巧克力磚（苦味）───── 100g

菜籽油 ───── 2 大匙

＊沙拉油、橄欖油、太白胡麻油、椰子油皆可使用。若是使用
　奶油則為 60g（請參考 P.75）。

熱水 ───── 1 大匙

上白糖（或細粒砂糖）───── 60g

雞蛋 ───── 1 顆

蛋黃 ───── 1 顆

A｜低筋麵粉 ───── 50g
　｜泡打粉 ───── 1/2 小匙

核桃 ───── 60g

事前準備

○ 將核桃粗略切碎，用平底鍋以小火炒 1～2 分鐘。

○ 將 A 材料混合。

○ 於烤模塗上菜籽油（份量外），鋪上烘焙紙（請參考 P.78）。

○ 烤箱預熱 160 度。

○ 用湯鍋煮沸熱水。

作法

① 於料理缽中加入巧克力磚與菜籽油，放入湯鍋中使其融化。
　此時請關閉湯鍋的爐火。

　＊使用微波爐的話，請放入耐熱碗加熱 1 分 30 秒使其融化。

② 將料理缽從湯鍋中取出，使用打蛋器進行攪拌，攪拌至滑順
　後再加入熱水進行攪拌。

③ 將上白糖、雞蛋、蛋黃依序一邊加入、一邊攪拌均勻。

④ 將 A 材料使用萬用過濾器過篩加入，並攪拌至無粉狀顆粒
　為止。

⑤ 改用橡膠刮刀，加入核桃攪拌後，倒入烤模。將表面刮平，
　放入 160 度烤箱中烘烤 17 分鐘。

⑥ 從烤箱取出後放置到完全冷卻（1～2 小時）。

⑦ 於砧板上鋪上烘焙紙，將⑥從烤模中取出，倒扣在砧板，將
　附著於蛋糕上的烘焙紙取下，再次轉成正面後切塊。

＊使用保鮮膜或是密閉容器存放在冰箱冷藏的話，可口的賞
　味期為 5 天左右。若是存放在冷凍，則可保存約 2 週（存
　放超過這些時間的話美味就會減分）。巧克力蛋糕於冰凍
　狀態下不好吃，建議要食用時須於室溫下回溫（冷藏保存
　約回溫 30 分、冷凍保存則約回溫 1 小時）。

堅果鹽味布朗尼

這是使用堅果中外型特殊的長山核桃來製作的布朗尼。

由於形狀呈現長條型，傾斜排列時整體蛋糕外形看起來非常具有美感，豪爽帥氣的布朗尼便完成了。

於麵團中添加與堅果十分對味的薄鹽，作成鹽味風味的蛋糕，

也非常適合與香檳等美酒一起搭配享用。

材料　18×18 cm方形烤模 1 盤份

巧克力磚（苦味）———— 100g

菜籽油 ———— 2 大匙

＊ 沙拉油、橄欖油、太白胡麻油、椰子油皆可使用。若是使用
　奶油則為 60g（請參考 P.75）。

熱水 ———— 1 大匙

上白糖（或細粒砂糖）———— 60g

粗鹽 ———— 1/2 小匙（4g）

雞蛋 ———— 1 個

蛋黃 ———— 1 個分

A ｜ 低筋麵粉 ———— 50g
　 ｜ 泡打粉 ———— 1/2 小匙

長山核桃 ———— 90 ～ 100g

＊ 腰果、杏仁、開心果等皆可依喜好自行添加。

事前準備

○ 將 A 材料混合。

○ 於烤模塗上菜籽油（份量外），鋪上烘焙紙（請
　參考 P.78）。

○ 烤箱預熱 160 度。

○ 用湯鍋煮沸熱水。

作法

① 於料理缽中加入巧克力磚與菜籽油，放入湯鍋中使其融化。此時請關閉湯鍋的爐火。

　＊ 使用微波爐的話，請放入耐熱碗加熱 1 分 30 秒使其融化。

② 將料理缽從湯鍋中取出，使用打蛋器進行攪拌，攪拌至滑順後再加入熱水、上白糖、鹽進行攪拌。

③ 依序將雞蛋、蛋黃一邊加入、一邊攪拌均勻。

④ 將 A 材料使用萬用過濾器過篩加入，並攪拌至無粉狀顆粒為止，再改用橡膠刮刀進行攪拌後，倒入烤模。

⑤ 將表面刮平，擺上長山核桃，放入 160 度烤箱中烘烤 20 分鐘。

⑥ 從烤箱取出後放置到完全冷卻（1 ～ 2 小時）。

⑦ 於砧板上鋪上烘焙紙，將⑥從烤模中取出，倒扣在砧板，將附著於蛋糕上的烘焙紙取下，再次轉成正面後切塊。

　＊ 保存方式與入門款布朗尼相同（請參考 P.11）。

〈剩餘的蛋白也可做成西點喔〉

蛋白霜烤餅

材料與作法　25 ～ 27 顆份

於料理缽中放入蛋白一顆，使用手持式電動攪拌器將其攪拌至蓬鬆泡沫狀，將細粒砂糖 50g 分成五回少量加入攪拌，直到硬性發泡。將其倒入附有口徑 1.5cm 的圓形開口的擠花袋，接著把蛋白霜擠出到烤盤上，放入 100 度的烤箱烘烤 2 小時。烘烤完後直接於烤箱內放置到完全冷卻，使其保持乾燥。

＊ 保存時需於夾鏈袋內也一併放入乾燥劑，可保存約 2 週左右。

雙層巧克力布朗尼

於入門款布朗尼淋上熔岩巧克力漿即可完成。
若是再用巧克力寫上留言的話，就可以將自己的心意鑲嵌於蛋糕上送出。
雖然文字可以用巧克力筆來寫，
但是將融化的巧克力放入擠花袋中來書寫的話可以將蛋糕做得更漂亮。

材料　　18×18 cm方形烤模 1 盤份

巧克力磚（苦味）———— 100g

沙拉油 ———— 2 大匙

＊ 菜籽油、太白胡麻油、椰子油皆可使用。若是使用奶油則為 60g（請參考 P.75）。

熱水 ———— 1 大匙

上白糖（或細粒砂糖）———— 60g

雞蛋 ———— 1 個

蛋黃 ———— 1 個分

A｜低筋麵粉 ———— 50g
　｜泡打粉 ———— 1/2 小匙

核桃 ———— 60g

〈熔岩巧克力漿（作為淋醬使用的巧克力）〉

免烘焙用巧克力 ———— 100g

巧克力磚（苦味）———— 50g

沙拉油 ———— 2 大匙

〈書寫文字用巧克力〉

白巧克力（巧克力磚或烘焙用巧克力）
　　　　———— 50g

巧克力磚（苦味）———— 50g

事前準備

○ 將核桃粗略切碎，用平底鍋以小火炒 1 ～ 2 分鐘。

○ 將 A 材料混合。

○ 將免烘焙用巧克力用刀子切碎。

○ 於烤模塗上沙拉油（份量外），鋪上烘焙紙（請參考 P.78）。

○ 烤箱預熱 160 度。

○ 用湯鍋煮沸熱水。

作法

① 於料理缽中加入巧克力磚與沙拉油，放入湯鍋中使其融化。此時請關閉湯鍋的爐火。

　＊ 使用微波爐的話，請放入耐熱碗加熱 1 分 30 秒使其融化。

② 將料理缽從湯鍋中取出，使用打蛋器進行攪拌，攪拌至滑順後再加入熱水進行攪拌。

③ 將上白糖、雞蛋、蛋黃依序一邊加入、一邊攪拌均勻。將 A 材料使用萬用過濾器過篩加入，並攪拌至無粉狀顆粒為止。

④ 改用橡膠刮刀，加入核桃攪拌之後，倒入烤模。將表面刮平，放入 160 度烤箱中烘烤 17 分鐘。

⑤ 從烤箱取出後放置到完全冷卻（1 ～ 2 小時）。

⑥ 〈熔岩巧克力漿〉料理缽中放入免烘焙用巧克力與巧克力磚，接著放入湯鍋中使其融化。此時請關閉湯鍋的爐火。

⑦ 加入沙拉油後攪拌均勻，於料理缽底下擺放冰水，使用橡膠刮刀進行攪拌，攪拌至稍微黏稠的狀態。

⑧ 於大盤子上擺放網子，將⑤從烤模中取出擺放於網子上。將⑦從蛋糕中心處倒下，用橡膠刮刀（或抹刀）輕刮表面，讓側邊也都淋上巧克力漿 [如下方左邊照片]。

⑨ 〈書寫文字用巧克力〉將巧克力各別放入料理缽中，放入湯鍋使其融化。此時請關閉湯鍋的爐火。

⑩ ⑧若已經凝固的話，將⑨倒入擠花袋，前端用剪刀開一小洞，用白巧克力描繪文字的外框 [如下方右邊照片]，文字裡面再用巧克力磚填滿，完成後放入冰箱凝固。

＊上下擺放廚房紙巾再書寫文字的話，就可以整齊地書寫文字。

＊ 保存方式與入門款布朗尼相同（請參考 P.11）。

柳橙布朗尼

馬卡龍布朗尼

這是可同時品嘗到布朗尼與馬卡龍雙重口感的獨特布朗尼。

馬可龍可直接使用市售的馬卡龍，所以製作很簡單，

利用色彩繽紛的馬卡龍作為裝飾重點，即可變成小朋友也會十分喜愛的布朗尼。

巧克力再加上馬卡龍風味，多重美味在口中擴散開來。

材料 18×18 cm方形烤模 1 盤份

巧克力磚（苦味）——— 80g

椰子油 ——— 2 大匙

＊ 沙拉油、菜籽油、橄欖油、太白胡麻油皆可使用。若是使用
奶油則為 60g（請參考 P.75）。

熱水 ——— 1 大匙

上白糖（或細粒砂糖）——— 20g

雞蛋 ——— 1 顆

蛋黃 ——— 1 顆

A ｜ 低筋麵粉 ——— 50g
　｜ 泡打粉 ——— 1/2 小匙

馬卡龍（直徑 4～5cm/ 市售）——— 9 顆

事前準備

○ 將 A 材料混合。

○ 於烤模塗上椰子油（份量外），鋪上烘焙紙（請
參考 P.78）。

○ 烤箱預熱 160 度。

○ 用湯鍋煮沸熱水。

作法

① 於料理缽中加入巧克力磚與椰子油，放入湯鍋中使其融
化。此時請關閉湯鍋的爐火。

　＊ 使用微波爐的話，請放入耐熱碗加熱 1 分 30 秒使其融化。

② 將料理缽從湯鍋中取出，使用打蛋器進行攪拌，攪拌至滑
順後再加入熱水進行攪拌。

③ 依序將上白糖、雞蛋、蛋黃一邊加入、一邊攪拌均勻。將
A 材料使用萬用過濾器過篩加入，並攪拌至無狀顆粒為
止。

④ 改用橡膠刮刀把材料③倒入烤模，將表面刮平，擺上馬卡
龍，放入 160 度烤箱中烘烤 17 分鐘。

⑤ 從烤箱取出後放置到完全冷卻（1～2 小時）。

⑥ 於砧板上鋪上烘焙紙，將⑤從烤模中取出，倒扣在砧板。
將附著於蛋糕上的烘焙紙取下，再次轉成正面後切塊。

　＊ 烘烤後馬卡龍中間的奶油餡會有溢出現象，因此剛出爐時馬卡龍有時會呈
現濕潤狀，此為正常現象。

　＊ 保存方式與入門款布朗尼相同（請參考 P.11）。

柳橙布朗尼

巧克力與柳橙兩者是完美的搭配，
只需加上柳橙果汁與橙皮就可化身成無可挑剔的美味。
帶有酸酸甜甜、爽口且層次豐富的口味，好吃不膩。
然而，使用橙皮時請記得先將表皮的臘去除後才可使用喔！

材料 18×18 cm方形烤模 1 盤份

巧克力磚（苦味）———— 100g

沙拉油 ———— 2 大匙

＊ 菜籽油、橄欖油、太白胡麻油、椰子油皆可使用。若是使用
奶油則為 60g（請參考 P.75）。

柳橙果汁（濃縮還原）———— 50ml

檸檬汁 ———— 1 大匙

上白糖（或細粒砂糖）———— 60g

雞蛋 ———— 1 顆

蛋黃 ———— 1 顆

柳橙 ———— 1/2 顆

A｜低筋麵粉 ———— 60g
　｜泡打粉 ———— 1/2 小匙

事前準備

○ 將柳橙表皮用粗鹽（或科技泡棉）摩擦去臘 [如下
左圖]。

○ 將 A 材料混合。

○ 於烤模塗上沙拉油（份量外），鋪上烘焙紙（請
參考 P.78）。

○ 烤箱預熱 160 度。

○ 用湯鍋煮沸熱水。

作法

① 於料理缽中加入巧克力磚與沙拉油，放入湯鍋中使其融
化。此時請關閉湯鍋的爐火。

　＊ 使用微波爐的話，請放入耐熱碗加熱 1 分 30 秒使其融化。

② 將料理缽從湯鍋中取出，使用打蛋器進行攪拌，攪拌至滑
順後加入柳橙果汁與檸檬汁並再次攪拌均勻。

③ 依序將上白糖、雞蛋、蛋黃一邊加入、一邊進行攪拌。磨
取橙皮加入混合攪拌 [如下右圖]，將 A 材料使用萬用過濾
器過篩加入，並攪拌至無粉狀顆粒為止。

④ 改用橡膠刮刀進行攪拌並倒入烤模，將表面刮平，放入
160 度烤箱中烘烤 20 分鐘。

⑤ 從烤箱取出後放置到完全冷卻（1～2 小時）。

⑥ 於砧板上鋪上烘焙紙，將⑤從烤模中取出，倒扣在砧板。
將附著於蛋糕上的烘焙紙取下，再次轉成正面後切塊。

　＊ 保存方式與入門款布朗尼相同（請參考 P.11）。

椰香布朗尼

精製的椰子油是無香無味的，非常適合用來做料理，但在本書中為了利用椰子香氣，

所以使用了未精製的椰子油，再添加適量的椰蓉與椰子脆片，搖身變成富含南洋風味的西點。

烘烤時屋內就會飄散著椰子香甜的氣味，

務必趁著剛出爐椰子脆片品嘗起來還是脆脆香香的時候趕快享用喔～

材料　　18×18 cm方形烤模 1 盤份

巧克力磚（苦味）———— 100g

椰子油 ———— 2 大匙

＊ 在此使用的是未精製的初榨椰子油，是椰香較為濃烈的食用
油，與其他所使用的無香無味的精製油品不同。若是使用奶
油則為 60g（請參考 P.75）。

熱水 ———— 1 大匙

上白糖（或細粒砂糖）———— 60g

雞蛋 ———— 1 個

蛋黃 ———— 1 個分

A｜低筋麵粉 ———— 50g
　｜泡打粉 ———— 1/2 小匙

椰蓉 [如下左圖] ———— 約 10g

椰子脆片 [如下右圖] ———— 約 20g

事前準備

○ 將 A 材料混合。

○ 於烤模塗上椰子油（份量外），鋪上烘焙紙（請
參考 P.78）。

○ 烤箱預熱 160 度。

○ 用湯鍋煮沸熱水。

作法

① 於料理缽中加入巧克力磚與椰子油，放入湯鍋中使其融
化。此時請關閉湯鍋的爐火。

　＊ 使用微波爐的話，請放入耐熱碗加熱 1 分 30 秒使其融化。

② 將料理缽從湯鍋中取出，使用打蛋器進行攪拌，攪拌至滑
順後再加入熱水進行攪拌。

③ 將上白糖、雞蛋、蛋黃依序一邊加入、一邊攪拌均勻。A
材料使用萬用過濾器過篩加入，並攪拌至無粉狀顆粒為
止。

④ 加入 2 大匙椰蓉，改用橡膠刮刀進行攪拌並倒入烤模，將
表面刮平，再隨意灑上椰蓉與椰子脆片後，放入 160 度
烤箱中烘烤 17 分鐘。

⑤ 從烤箱取出後放置到完全冷卻（1～2 小時）。

⑥ 將烘焙紙整個從烤模中取出，一邊用手撐著蛋糕底部、一
邊將烘焙紙輕輕地撕除。最後把蛋糕放到砧板上切塊。

　＊ 保存方式與入門款布朗尼相同（請參考 P.11）。

Espresso & 可可豆碎片布朗尼

深黑可可 & OREO 餅乾布朗尼

為了搭配 OREO 餅乾的顏色而使用深黑色的黑色可可粉來製作的布朗尼。
因為在蛋糕底部鋪有 OREO 餅乾，若將布朗尼倒過來看的話，形狀就會很鮮明，
這是一款藏有小心機的有趣布朗尼，品嘗起來是苦中帶甜的大人滋味。

材料　　18×18 cm方形烤模 1 盤份

巧克力磚（牛奶）———— 80g
＊ 由於使用苦味巧克力磚會造成口味過苦的現象，在此使用牛奶巧克力磚。

沙拉油———— 2 大匙
＊ 菜籽油、橄欖油、太白胡麻油、椰子油皆可使用。若是使用奶油則為 60g（請參考 P.75）。

熱水———— 1 大匙

上白糖（或細粒砂糖）———— 60g

雞蛋———— 1 顆

蛋黃———— 1 顆

A｜低筋麵粉———— 40g
　｜泡打粉———— 1/2 小匙
　｜深黑可可粉———— 2 大匙

OREO 餅乾（先用刀子將奶油層取下）———— 9 片

作法

① 先將 OREO 餅乾以圖案面朝下的方式排列於烤模底部。

② 於料理缽中加入巧克力磚與沙拉油，放入湯鍋中使其融化。此時請關閉湯鍋的爐火。
＊ 使用微波爐的話，請放入耐熱碗加熱 1 分 30 秒使其融化。

③ 將料理缽從湯鍋中取出，使用打蛋器進行攪拌，攪拌至滑順後再加入熱水進行攪拌。

④ 依序將上白糖、雞蛋、蛋黃一邊加入、一邊進行攪拌。將 A 材料使用萬用過濾器過篩加入 [如下左圖]，並攪拌至無粉狀顆粒為止。

⑤ 改用橡膠刮刀進行攪拌並倒入①烤模 [如下右圖]，將表面刮平，放入 160 度烤箱中烘烤 17 分鐘。

⑥ 從烤箱取出後放置到完全冷卻（1～2 小時）。

⑦ 於砧板上鋪上烘焙紙，將⑥從烤模中取出，倒扣在砧板，將附著於蛋糕上的烘焙紙取下，再次轉成正面後切塊。
＊ 保存方式與入門款布朗尼相同（請參考 P.11）。

事前準備

○ 將 A 材料混合。
○ 於烤模塗上沙拉油（份量外），鋪上烘焙紙（請參考 P.78）。
○ 烤箱預熱 160 度。
○ 用湯鍋煮沸熱水。

Espresso & 可可豆碎片布朗尼

本來 Espresso 就是咖啡粉經過高壓蒸氣製作而成的濃縮咖啡，
所以將即溶咖啡粉添加多一些創造出 Espresso 風味。
此外，將可可豆磨碎作成可可豆碎片即可增添風味與酥脆口感，
這是一款口味微苦的布朗尼，感覺也很適合搭配紅酒或白蘭地一起享用。

材料　18×18 cm方形烤模 1 盤份

巧克力磚（苦味）──── 100g

沙拉油──── 2 大匙

＊ 菜籽油、橄欖油、太白胡麻油、椰子油皆可使用。若是使用
　奶油則為 60g（請參考 P.75）。

即溶咖啡粉──── 比 1 大匙再多一些

熱水──── 1 大匙

上白糖（或細粒砂糖）──── 60g

雞蛋──── 1 顆

蛋黃──── 1 顆

A │ 低筋麵粉──── 50g
　 │ 泡打粉──── 1/2 小匙

可可豆碎片 [如照片]──── 1 大匙＋2 小匙

＊ 可於烘焙食品材料行取得。

事前準備

○ 將 A 材料混合。
○ 於烤模塗上沙拉油（份量外），鋪上烘焙紙（請
　 參考 P.78）。
○ 烤箱預熱 160 度。
○ 用湯鍋煮沸熱水。

作法

① 於料理缽中加入巧克力磚與沙拉油，放入湯鍋中使其融
　 化。此時請關閉湯鍋的爐火。
　 ＊ 使用微波爐的話，請放入耐熱碗加熱 1 分 30 秒使其融化。

② 將料理缽從湯鍋中取出，使用打蛋器進行攪拌，攪拌至滑
　 順後加入用熱水沖泡好的即溶咖啡並持續攪拌。

③ 依序上白糖、雞蛋、蛋黃依序一邊加入、一邊攪拌均勻。
　 A 材料使用萬用過濾器過篩加入，並攪拌至無粉狀顆粒為
　 止。

④ 改用橡膠刮刀加入可可豆碎片 1 大匙進行攪拌後倒入烤
　 模，將表面刮平，再傾斜灑上可可豆碎片 2 小匙，放入
　 160 度烤箱中烘烤 17 分鐘。

⑤ 從烤箱取出後放置到完全冷卻（1～2 小時）。

⑥ 於砧板上鋪上烘焙紙，將⑤從烤模中取出，倒扣在砧板。
　 將附著於蛋糕上的烘焙紙取下，再次轉成正面後切塊。 ＊
　 ＊保存方式與入門款布朗尼相同（請參考 P.11）。

送禮小巧思

只需將切成小塊的布朗尼放在烘焙紙
上再疊放於透明寬口的塑膠瓶中即
可，並且代替蝴蝶結改貼時髦漂亮的
貼紙就可變身為小禮物。由於可以很
清楚看到瓶中的蛋糕，所以最適合午
茶點心的小禮物了！放在桌上的話會
不由自主地伸手取用喔～

酒漬櫻桃布朗尼

味道的關鍵在於酒漬櫻桃，這裡使用的是稱為 Griottines 的夢幻逸品。
櫻桃吸滿濃濃的櫻桃酒（Kirsch），所以這是一款適合大人的布朗尼。
雖然味道可能會有些改變，若是將它換成糖漬黑櫻桃或是糖漬紅櫻桃，
就可變成適合小朋友食用的布朗尼。請嘗試看看櫻桃與巧克力的絕妙組合風味喔！

材料　18×18 cm方形烤模 1 盤份

巧克力磚（苦味）———— 100g

沙拉油 ———— 2 大匙

＊ 菜籽油、橄欖油、太白胡麻油、椰子油皆可使用。若是使用
　奶油則為 60g（請參考 P.75）。

櫻桃瓶裝果汁 ———— 1 大匙

上白糖（或細粒砂糖）———— 60g

雞蛋 ———— 1 顆

蛋黃 ———— 1 顆

A｜低筋麵粉 ———— 60g
　｜泡打粉 ———— 1/2 小匙

酒漬櫻桃（罐裝去籽）———— 36 顆

事前準備

○ A 材料混合。
○ 於烤模塗上沙拉油（份量外），鋪上烘焙紙（請
　參考 P.78）。
○ 烤箱預熱 160 度。
○ 用湯鍋煮沸熱水。

作法

① 於料理缽中加入巧克力磚與沙拉油，放入湯鍋中使其融
　化。此時請關閉湯鍋的爐火。

　＊ 使用微波爐的話，請放入耐熱碗加熱 1 分 30 秒使其融化。

② 將料理缽從湯鍋中取出，使用打蛋器進行攪拌，攪拌至滑
　順後加入櫻桃瓶裝果汁並持續攪拌。

③ 將上白糖、雞蛋、蛋黃依序一邊加入、一邊攪拌均勻。A
　材料使用萬用過濾器過篩加入，並攪拌至無粉狀顆粒為
　止。

④ 改用橡膠刮刀進行攪拌並倒入烤模，將表面刮平後再擺上
　櫻桃，放入 160 度烤箱中烘烤 20 分鐘。

⑤ 從烤箱取出後放置到完全冷卻（1～2 小時）。

⑥ 於砧板上鋪上烘焙紙，將⑤從烤模中取出，倒扣在砧板上。
　將附著於蛋糕上的烘焙紙取下，再次轉成正面後切塊。

　＊ 保存方式與入門款布朗尼相同（請參考 P.11）。

〈剩餘的蛋白也可做成西點喔〉

貓舌餅

材料與作法　28～30 片

料理缽中放入回溫的奶油 25g，用打蛋器攪拌至奶油狀，加入糖粉 55g
並持續攪拌至呈現白色，再依序將蛋白 25g、鮮奶油 1 大匙、少許香草精
一邊加入一邊進行攪拌。接著，把低筋麵粉 50g 用萬用過濾器過篩加入，
並改用橡膠刮刀攪拌至無粉狀顆粒為止。倒入裝有 1cm 的圓形口徑擠花
袋內，將材料以一個約 5～6cm 長度、分別間隔擠出至烤盤上。以預熱
160 度的烤箱烘烤約 15 分，若是稍微有點焦色後將整個烤盤取出利用餘
溫讓餅乾烤熟即可。

覆盆莓 & 藍莓布朗尼

要不要嘗試一下各種莓類的布朗尼呢？
不只是在布朗尼上擺上莓果，
連布朗尼裡頭也暗藏覆盆莓果泥，創新作出紅色的布朗尼。
咬上一口，帶有酸酸甜甜的莓果滋味整個在口中擴散開來～

材料　　18×18 cm方形烤模 1 盤份

巧克力磚（苦味）———— 100g

沙拉油 ———— 2 大匙

＊ 菜籽油、橄欖油、太白胡麻油、椰子油皆可使用。若是使用
　奶油則為 60g（請參考 P.75）。

覆盆莓果泥 ———— 100ml

上白糖（或細粒砂糖）———— 70g

雞蛋 ———— 1 顆

蛋黃 ———— 1 顆

A ｜ 低筋麵粉 ———— 80g
　｜ 泡打粉 ———— 1 小匙

藍莓（新鮮）———— 18 顆

覆盆莓（新鮮）———— 18 顆

事前準備

○ A 材料混合。

○ 於烤模塗上沙拉油（份量外），鋪上烘焙紙（請
　參考 P.78）。

○ 烤箱預熱 160 度。

○ 用湯鍋煮沸熱水。

作法

① 於料理缽中加入巧克力磚與沙拉油，放入湯鍋中使其融
　化。此時請關閉湯鍋的爐火。

　＊ 使用微波爐的話，請放入耐熱碗加熱 1 分 30 秒使其融化。

② 將料理缽從湯鍋中取出，使用打蛋器進行攪拌，攪拌至滑
　順後加入覆盆莓果泥 [如下左圖] 並持續攪拌。

③ 將上白糖、雞蛋、蛋黃依序一邊加入、一邊攪拌均勻。A
　材料使用萬用過濾器過篩加入，並攪拌至無粉狀顆粒為
　止。

④ 改用橡膠刮刀進行攪拌並倒入烤模，將表面刮平後再擺上
　藍莓與覆盆莓 [如下右圖]，放入 160 度烤箱中烘烤 25 ～
　30 分鐘。

⑤ 從烤箱取出後放置到完全冷卻（1 ～ 2 小時）。

⑥ 於砧板上鋪上烘焙紙，將⑤從烤模中取出，倒扣在砧板。
　將附著於蛋糕上的烘焙紙取下，再次轉成正面後切塊。

　＊ 若是使用冷凍的藍莓與覆盆莓會讓麵團稍微呈現水水的，烘烤時間就要改
　　成 30 ～ 35 分。

　＊ 保存方式與入門款布朗尼相同（請參考 P.11）。

拱佐諾拉乳酪布朗尼

或許你會覺得乳酪 X 巧克力是個令人驚訝的組合，但這樣的組合卻十分契合。
拱佐諾拉乳酪或藍紋乾酪等青黴菌發酵的乳酪，因有獨特的香氣是很多人都聞之色變的乳酪，
若是與可可脂 70% 的黑巧克力搭配的話，便能提升乳酪的風味。重點在於要將乳酪切成小小塊！
此款布朗尼與紅酒也很搭喔！

材料　　18×18 cm方形烤模 1 盤份

烘焙用巧克力（可可脂 70%）── 80g

太白胡麻油 ── 2 大匙

＊沙拉油、菜籽油、橄欖油、椰子油皆可使用。若是使用奶油則為 60g（請參考 P.75）。

熱水 ── 1 又 1/2 大匙

上白糖（或細粒砂糖）── 60g

雞蛋 ── 1 顆

蛋黃 ── 1 顆

A ｜ 低筋麵粉 ── 50g
　　｜ 泡打粉 ── 1/2 小匙

核桃（或杏仁）── 40g

拱佐諾拉乳酪 ── 80g

＊ 藍紋乾酪也可使用。

事前準備

○ 將核桃粗略切碎，用平底鍋上以小火乾炒 1～2 分鐘。

○ 將拱佐諾拉乳酪切成厚 5mm、寬 1.5cm 方形塊狀。

○ 將 A 材料混合。

○ 於烤模塗上太白胡麻油（份量外），鋪上烘焙紙（請參考 P.78）。

○ 烤箱預熱 160 度。

○ 用湯鍋煮沸熱水。

作法

① 於料理缽中加入烘焙用巧克力與太白胡麻油，放入湯鍋中使其融化。此時請關閉湯鍋的爐火。
＊ 使用微波爐的話，請放入耐熱碗加熱 1 分 30 秒使其融化。

② 將料理缽從湯鍋中取出，使用打蛋器進行攪拌，攪拌至滑順後再加入熱水進行攪拌。

③ 將上白糖、雞蛋、蛋黃依序一邊加入、一邊攪拌均勻。A 材料使用萬用過濾器過篩加入，並攪拌至無粉狀顆粒為止。

④ 改用橡膠刮刀並加入核桃進行攪拌後倒入烤模，將表面刮平後橫向縱向再擺上各 5 排的拱佐諾拉乳酪 [如圖]，放入 160 度烤箱中烘烤 25 ～ 30 分鐘。

⑤ 從烤箱取出後放置到完全冷卻（1～2小時）。

⑥ 於砧板上鋪上烘焙紙，將⑤從烤模中取出，倒扣在砧板。將附著於蛋糕上的烘焙紙取下，再次轉成正面後切塊。
＊ 保存方式與入門款布朗尼相同（請參考 P.11）。

哈瓦那辣椒布朗尼

只要一聽到哈瓦那辣椒不管是誰都會興致勃勃想要嚐鮮，特別是對於男生，肯定是大受歡迎。

品嚐一口，一開始會有巧克力的苦甜味，吃到最後會有辛辣感的後勁殘留在口中，十分具有刺激感。

決定辣度的關鍵在於辣椒，可依喜好進行辣度調整。

辣椒的辛辣與巧克力的苦甜形成絕妙協調的搭配。

材料　　18×18 cm方形烤模 1 盤份

巧克力磚（苦味）────100g

沙拉油────2 大匙

＊ 菜籽油、橄欖油、太白胡麻油、椰子油皆可使用。若是使用
奶油則為 60g（請參考 P.75）。

熱水────1 大匙

上白糖（或細粒砂糖）────60g

雞蛋────1 顆

蛋黃────1 顆

A｜低筋麵粉────50g
　｜泡打粉────1/2 小匙

辣椒（粉狀）
　　────1/2 小匙（依喜好酌的添加）＋適量

粗磨黑胡椒────1/2 小匙

事前準備

○ 將 A 材料混合。

○ 於烤模塗上沙拉油（份量外），鋪上烘焙紙（請
　 參考 P.78）。

○ 烤箱預熱 160 度。

○ 用湯鍋煮沸熱水。

作法

① 於料理缽中加入巧克力磚與沙拉油，放入湯鍋中使其融
　 化。此時請關閉湯鍋的爐火。

　 ＊ 使用微波爐的話，請放入耐熱碗加熱 1 分 30 秒使其融化。

② 將料理缽從湯鍋中取出，使用打蛋器進行攪拌，攪拌至滑
　 順後再加入熱水進行攪拌。

③ 依序將上白糖、雞蛋、蛋黃一邊加入、一邊進行攪拌。將
　 A 材料使用萬用過濾器過篩加入，並攪拌至無粉狀顆粒為
　 止。再加入辣椒粉與粗磨黑胡椒一起攪拌均勻。

④ 改用橡膠刮刀攪拌並倒入烤模，將表面刮平後，放入 160
　 度烤箱中烘烤 17 分鐘。

⑤ 從烤箱取出後放置到完全冷卻（1～2 小時）。

⑥ 於砧板上鋪上烘焙紙，將⑤從烤模中取出，倒扣在砧板。
　 將附著於蛋糕上的烘焙紙取下再次轉成正面，用直徑
　 5.5cm 的圓形中空烤模將布朗尼切塊，最後再適量灑上辣
　 椒粉。

　 ＊ 保存方式與入門款布朗尼相同（請參考 P.11）。

太妃焦糖布朗尼

這是一款充滿甜蜜懷舊風味的焦糖布朗尼。

焦糖是將市售的焦糖作最大限度使用，除了在麵團中加入之外，

也會從布朗尼上方以 Z 字型方式隨意地淋上融化焦糖，變身成精美時髦的布朗尼！

隨意蜿蜒在布朗尼上的焦糖非常具有吸引力，會讓人不自覺地伸手享用它。

材料　　18×18 cm方形烤模 1 盤份

巧克力磚（牛奶）───── 100g

太白胡麻油───── 2 大匙

＊沙拉油、菜籽油、橄欖油、椰子油皆可使用。若是使用奶油則
　為60g（請參考 P.75）。

牛奶焦糖 a（市售品）───── 6 個（36g）

牛乳───── 1 大匙＋ 1 小匙

上白糖（或細粒砂糖）───── 20g

雞蛋───── 1 顆

蛋黃───── 1 顆

A ｜ 低筋麵粉───── 50g
　 ｜ 泡打粉───── 1/2 小匙

牛奶焦糖 b（市售品）───── 6 個（36g）

事前準備

○ 將 A 材料混合。

○ 於烤模塗上沙拉油（份量外），鋪上烘焙紙（請
　參考 P.78）。

○ 烤箱預熱 160 度。

○ 用湯鍋煮沸熱水。

作法

① 於料理缽中加入巧克力磚與太白胡麻油，放入湯鍋中使其
　融化。此時請關閉湯鍋的爐火。

　＊ 使用微波爐的話，請放入耐熱碗加熱 1 分 30 秒使其融化。

② 將料理缽從湯鍋中取出，使用打蛋器進行攪拌，攪拌至滑
　順為止。

③ 於耐熱碗中加入牛奶焦糖 a 與牛奶 1 大匙使用微波爐加
　熱 1 分鐘使其融化，並馬上用打蛋器攪拌均勻。[如下左圖]

④ 於材料②加入材料③後攪拌，再依序將上白糖、雞蛋、蛋
　黃一邊加入、一邊進行攪拌。

⑤ 將 A 材料使用萬用過濾器過篩加入，並攪拌至無粉狀顆
　粒為止。改用橡膠刮刀攪拌並倒入烤模，將表面刮平後，
　放入 160 度烤箱中烘烤 20 分鐘。

⑥ 從烤箱取出後放置到完全冷卻（1 ～ 2 小時）。

⑦ 於砧板上鋪上烘焙紙，將⑥從烤模中取出，倒扣在砧板。
　將附著於蛋糕上的烘焙紙取下再次轉成正面。

⑧ 再將牛奶焦糖 b 與牛奶 1 小匙放入耐熱碗中用微波爐加
　熱 1 分鐘後，很快地進行攪拌，用湯匙將焦糖醬淋上
　⑦ [如下右圖]。最後依自己的喜好大小作切塊。（照片中的布
　朗尼是 18x3cm）

　＊ 保存方式與入門款布朗尼相同（請參考 P.11）。

薄荷大理石布朗尼

起司大理石布朗尼

薄荷大理石布朗尼

這是一款以薄荷利口酒的顏色與風味為特色的布朗尼，
而此款布朗尼的創意靈感來自於薄荷巧克力。
大理石花紋再加上清爽口感，大受女性好評！
由於薄荷利口酒的顏色較輕，再添加一些色粉來提升薄荷顏色。

材料 18×18 cm方形烤模 1 盤份

〈奶油乳酪材料〉

奶油乳酪 ——— 80g

上白糖（或細粒砂糖）——— 20g

檸檬汁 ——— 1 小匙

薄荷利口酒 ——— 1 大匙

食用色粉（綠色）——— 少量

玉米粉 ——— 2 大匙

泡打粉 ——— 1/4 小匙（約 1g）

蛋白 ——— 1 大匙

〈巧克力材料〉

巧克力磚（苦味）——— 100g

沙拉油 ——— 2 大匙

* 菜籽油、橄欖油、太白胡麻油、椰子油皆可使用。若是使用
奶油則為 60g（請參考 P.75）。

薄荷利口酒 ——— 2 小匙

熱水 ——— 1 小匙

上白糖（或細粒砂糖）——— 60g

雞蛋 ——— 1 顆

蛋黃 ——— 1 顆

A | 低筋麵粉 ——— 50g
　 | 泡打粉 ——— 1/2 小匙

作法

① 〈奶油乳酪材料〉於料理缽中放入奶油乳酪用打蛋器先攪和，再依序將上白糖、檸檬汁、薄荷利口酒、玉米粉、泡打粉、蛋白一邊加入、一邊進行攪拌後，放置於冰箱冷藏 1 ～ 2 小時使其凝固。

② 〈巧克力材料〉於料理缽中加入巧克力磚與沙拉油，放入湯鍋中使其融化。此時請關閉湯鍋的爐火。
　 * 使用微波爐的話，請放入耐熱碗加熱 1 分 30 秒使其融化。

③ 將料理缽從湯鍋中取出，使用打蛋器進行攪拌，攪拌至滑順後依序將薄荷利口酒、熱水、上白糖、雞蛋、蛋黃一邊加入、一邊進行攪拌。將 A 材料使用萬用過濾器過篩加入，並攪拌至無粉狀顆粒為止。

④ 於烤模中倒入材料③，再用湯匙於各個角落都淋上材料①，再用筷子像畫圓圈一般在表面旋轉畫圓作成大理石花紋，接著放入 160 度烤箱中烘烤 20 分鐘。

⑤ 從烤箱取出後放置到完全冷卻（1 ～ 2 小時），最後依自己喜愛的大小切塊。
　 * 保存方式與入門款布朗尼相同（請參考 P.11）。

事前準備

○ 將奶油乳酪放入耐熱碗中封上保鮮膜，用微波爐以 200W 加熱 2 分鐘使其軟化。

○ 以竹籤沾取食用色粉添加於〈奶油乳酪材料〉中的薄荷利口酒中並進行攪拌 [如圖]。

○ 將 A 材料混合。

○ 於烤模塗上沙拉油（份量外），鋪上烘焙紙（請參考 P.78）。

○ 烤箱預熱 160 度。

○ 用湯鍋煮沸熱水。

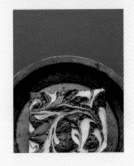

起司大理石布朗尼

搭配奶油乳酪與巧克力兩種材料組合而成的布朗尼，
在美國的咖啡店裡是很常見的一款西點。
於烤模中將兩種材料疊在一起，再用竹筷畫圈作成大理石花紋，
無論是外觀或是風味都無可挑剔的布朗尼就此完成！

材料　18×18 cm方形烤模 1 盤份

〈奶油乳酪材料〉

奶油乳酪 ——— 80g

上白糖（或細粒砂糖）——— 20g

檸檬汁 ——— 1 小匙

玉米粉 ——— 1 大匙

泡打粉 ——— 1/4 小匙

蛋白 ——— 1 大匙

香草精 ——— 少許

〈巧克力材料〉

巧克力磚（苦味）——— 100g

沙拉油 ——— 2 大匙

＊ 菜籽油、橄欖油、太白胡麻油、椰子油皆可使用。若是使用
　奶油則為 60g（請參考 P.75）。

熱水 ——— 1 大匙

上白糖（或細粒砂糖）——— 60g

雞蛋 ——— 1 個

蛋黃 ——— 1 個分

A　低筋麵粉 ——— 50g
　　泡打粉 ——— 1/2 小匙

作法

① 〈奶油乳酪材料〉於料理缽中放入奶油乳酪用打蛋器先攪和，再依序將上白糖、檸檬汁、玉米粉、泡打粉、蛋白、香草精一邊加入、一邊進行攪拌後，放置於冰箱冷藏 1 ～ 2 小時使其凝固。

② 〈巧克力材料〉於料理缽中加入巧克力磚與沙拉油，放入湯鍋中使其融化。此時請關閉湯鍋的爐火。

　＊ 使用微波爐的話，請放入耐熱碗加熱 1 分 30 秒使其融化。

③ 將料理缽從湯鍋中取出，使用打蛋器進行攪拌，攪拌至滑順後依序將熱水、上白糖、雞蛋、蛋黃一邊加入、一邊進行攪拌。將 A 材料使用萬用過濾器過篩加入，並攪拌至無粉狀顆粒為止。

④ 於烤模中倒入材料③，再用湯匙於各個角落都淋上材料①[如下左圖]，再用筷子像畫圓圈一般在表面旋轉畫圓作成大理石花紋[如下右圖]，接著放入 160 度烤箱中烘烤 20 分鐘。

⑤ 從烤箱取出後放置到完全冷卻（1～2 小時），最後依自己喜愛的大小切塊。

　＊ 保存方式與入門款布朗尼相同（請參考 P.11）。

事前準備

○ 將奶油乳酪放入耐熱碗中封上保鮮膜，用微波爐以 200W 加熱 2 分鐘使其軟化。

○ 將 A 材料混合。

○ 於烤模塗上沙拉油（份量外），鋪上烘焙紙（請參考 P.78）。

○ 烤箱預熱 160 度。

○ 用湯鍋煮沸熱水。

布朗迪（金色布朗尼）

此款西點名稱是依烤好時呈現金黃色澤而命名，
若是白巧克力添加過多的話就會變得軟爛，所以這樣的搭配是最佳比例。
而且，若是使用巧克力磚製作的話，烤起來就會變得鬆軟，
因此建議使用烘焙用白巧克力來製作。

材料　　18×18 cm方形烤模 1 盤份

烘焙用白巧克力 ——— 100g

沙拉油 ——— 2 大匙

＊ 菜籽油、橄欖油、太白胡麻油、椰子油皆可使用。若是使用
　奶油則為 60g（請參考 P.75）。

上白糖（或細粒砂糖）——— 60g

蛋白 ——— 2 顆（80g）

A｜低筋麵粉 ——— 50g
　｜泡打粉 ——— 1/2 小匙

香草精 ——— 5 滴

事前準備

○ 將 A 材料混合。

○ 於烤模塗上沙拉油（份量外），鋪上烘焙紙（請
　參考 P.78）。

○ 烤箱預熱 160 度。

○ 用湯鍋煮沸熱水。

作法

① 於料理缽中加入白巧克力與沙拉油，放入湯鍋中使其融
　化。此時請關閉湯鍋的爐火。

　＊ 使用微波爐的話，請放入耐熱碗加熱 1 分 30 秒使其融化。

② 將料理缽從湯鍋中取出，使用打蛋器進行攪拌 [如下圖]，
　攪拌至滑順為止。

③ 依序將上白糖、蛋白一邊加入、一邊進行攪拌。將 A 材
　料使用萬用過濾器過篩加入，並攪拌至無粉狀顆粒為止。
　再加上香草精後攪拌均勻。

④ 改用橡膠刮刀進行攪拌，將材料倒入烤模後將表面刮平，
　接著放入 160 度烤箱中烘烤 20 分鐘。

⑤ 從烤箱取出後放置到完全冷卻（1～2 小時）。

⑥ 於砧板上鋪上烘焙紙，將⑤從烤模中取出，倒扣在砧板，
　將附著於蛋糕上的烘焙紙取下後再次轉成正面，最後切
　塊。

　＊ 保存方式與入門款布朗尼相同（請參考 P.11）。

紅豆 & 抹茶布朗迪

於布朗迪中添加紅豆與抹茶作成日式風味的布朗尼。
很好搭配的白巧克力與抹茶相遇後變身成口味豐富的布朗尼，
於抹茶麵團中再加入紅豆更增添風味與口感。享用時，記得請與抹茶一起搭配品嘗喔！

材料　18×18 cm方形烤模 1 盤份

烘焙用白巧克力 ——— 100g

沙拉油 ——— 2 大匙

＊ 菜籽油、橄欖油、太白胡麻油、椰子油皆可使用。若是使用
　 奶油則為 60g（請參考 P.75）。

上白糖（或細粒砂糖）——— 20g

蛋白 ——— 2 個分（80g）

A ｜ 低筋麵粉 ——— 55g
　 ｜ 泡打粉 ——— 1/2 小匙
　 ｜ 抹茶 ——— 1 大匙 +1 小匙

水煮紅豆（罐裝）——— 80g

事前準備

○ 將 A 材料混合。

○ 於烤模塗上沙拉油（份量外），鋪上烘焙紙（請
　 參考 P.78）。

○ 烤箱預熱 150 度。

○ 用湯鍋煮沸熱水。

作法

① 於料理缽中加入白巧克力與沙拉油，放入湯鍋中使其融
　 化。此時請關閉湯鍋的爐火。

　 ＊ 使用微波爐的話，請放入耐熱碗加熱 1 分 30 秒使其融化。

② 將料理缽從湯鍋中取出，使用打蛋器進行攪拌，攪拌至滑
　 順為止。

③ 依序將上白糖、蛋白一邊加入、一邊進行攪拌。將 A 材
　 料使用萬用過濾器過篩加入，並攪拌至無粉狀顆粒為止。

④ 改用橡膠刮刀並加入水煮紅豆進行攪拌後，將材料倒入烤
　 模，接著將表面刮平，放入 150 度烤箱中烘烤 20 分鐘。

⑤ 從烤箱取出後放置到完全冷卻（1～2 小時）。

⑥ 於砧板上鋪上烘焙紙，將⑤從烤模中取出，倒扣在砧板，
　 接著將附著於蛋糕上的烘焙紙取下後再次轉成正面，最後
　 切塊。

＊ 保存方式與入門款布朗尼相同（請參考 P.11）。

法式巧克力蛋糕

法式巧克力蛋糕起源於法國的巧克力西式糕點，原本是當成飲品被廣泛使用的巧克力於 19 世紀左右變成奧地利沙河蛋糕（Sachertorte），不久後變成現在的法式巧克力蛋糕。主要特色是運用打發蛋白霜的力量讓蛋糕體鬆軟蓬鬆，可盡情享用巧克力的一款西點。

GATEAU AU CHOCOLAT

入門款法式巧克力蛋糕

烘烤蛋糕時一開始用高溫一口氣讓蛋糕體膨脹起來，
之後再將溫度調降慢慢地用溫火讓蛋糕體凝固，
利用滿滿的巧克力、油脂與蛋白霜就可製作出像要融化的法式巧克力蛋糕。

材料	直徑 15cm 圓形烤模（底盤可拆式）1 盤份

事前準備

巧克力磚（苦味）———— 120g

菜籽油———— 80ml（70g）

※ 沙拉油、太白胡麻油皆可使用、若是使用奶油則為 120g（請
參考 P.75）。

熱水———— 1 大匙

蛋黃———— 3 顆

低筋麵粉———— 60g

蛋白———— 3 顆

上白糖（或細粒砂糖）———— 70g

○ 蛋白與蛋黃各自分開回溫。

○ 於烤模的側邊塗上菜籽油（份量外），鋪上 6cm 寬的烘焙紙
（請參考 P.78）。

○ 烤箱預熱 180 度。

○ 用湯鍋煮沸熱水。

作法

① 於料理缽中加入巧克力磚與菜籽油，放入湯鍋中使
其融化。此時請關閉湯鍋的爐火。

    ＊ 使用微波爐的話，請放入耐熱碗加熱 1 分 30 秒使其融化。

② 將料理缽從湯鍋中取出，使用打蛋器進行攪拌，攪
拌至滑順後再加入熱水進行攪拌。

③ 加入蛋黃後繼續攪拌，將低筋麵粉使用萬用過濾器
過篩加入，並攪拌至無粉狀顆粒為止，接著放置於
湯鍋上等候使用。

④ 於其他料理缽中放入蛋白，使用手持式電動攪拌機
攪拌至膨鬆狀，將上白糖分成 3 次加入，每次加入
後都要持續打發，最後打發至硬性發泡的蛋白霜。

⑤ 將材料③的料理缽從湯鍋上取下，並把材料④分成
3 次加入，每次都需用打蛋器攪拌至稍微剩下一些
蛋白霜，接著改用橡膠刮刀從底部向上翻拌均勻。

⑥ 將材料倒入烤模後刮平表面，放入 180 度烤箱中
烘烤 20 分鐘後，接著將溫度調降至 150 度再持續
烤 30 分鐘。

⑦ 從烤箱取出後輕輕抽出烘焙紙，放置到完全冷卻
（1～2 小時）。

⑧ 將烤模底部放在稍有高度的器皿上（如罐頭），將烤
模側邊下壓取下，接著於蛋糕體與烤模底部間插入
抹刀，左右滑動取下烤模底部。

    ＊ 使用保鮮膜或是密閉容器存放在冰箱冷藏的話，可口的賞味期為
5 天左右。若是存放在冷凍，則可保存約 2 週（存放超過這些時
間的話美味就會減分）。巧克力蛋糕於冰凍狀態下不好吃，建議
要食用時須於室溫下回溫（冷藏保存約回溫 1 小時、冷凍保存則
約回溫 2 小時）。

經典法式巧克力蛋糕

松露風味法式巧克力蛋糕

經典法式巧克力蛋糕

這是一款含有可可粉、鮮奶油、香草莢等經典搭配的法式巧克力蛋糕。
雖然使用食用油也可以，但在此我使用了大量奶油，
希望可以開心享受濕潤豐厚的經典風味。

材料 　直徑 15cm 圓形烤模（底盤可拆式）1 盤份

烘焙用巧克力（可可脂 56%）—— 100g
* 亦可使用巧克力磚 100g
奶油 —— 90g
* 沙拉油、菜籽油、太白胡麻油皆可使用。若是使用食用油則
　為 60g（請參考 P.75）。
熱水 —— 1 大匙
鮮奶油 —— 50ml
細粒砂糖（或上白糖）—— 30g + 60g
蛋黃 —— 3 顆
A｜低筋麵粉 —— 40g
　｜可可粉 —— 20g
香草莢 —— 1/2 根
蛋白 —— 3 顆

〈鮮奶油〉
鮮奶油 —— 150ml
細粒砂糖 —— 2 大匙

事前準備

○ 蛋白與蛋黃各自分開回溫。
○ 將 A 材料混合。
○ 將香草莢從側邊切開，用刀背刮取香草籽［如
　照片］。
○ 將鮮奶油放入耐熱碗，用微波爐加熱約 1 分
　鐘。
○ 於烤模的側邊塗上奶油（份量外），鋪上 6cm
　寬的烘焙紙（請參考 P.78）。
○ 烤箱預熱 180 度。
○ 用湯鍋煮沸熱水。

作法

① 於料理缽中加入烘焙用巧克力與奶油，放入湯鍋中使其融
　化。此時請關閉湯鍋的爐火。
　* 使用微波爐的話，請於耐熱碗中加入巧克力、奶油、熱水、鮮奶油、細粒
　　砂糖 30g，加熱 2～3 分使其融化後攪拌。

② 將料理缽從湯鍋上取下，加入熱水、鮮奶油、細粒砂糖
　30g 使用打蛋器進行攪拌至滑順狀態。

③ 加入蛋黃後繼續攪拌，將材料 A 使用萬用過濾器過篩加
　入，並攪拌至無粉狀顆粒為止。接著加入香草莢攪拌後放
　置於湯鍋上等候使用。

④ 於其他料理缽中放入蛋白，使用手持式電動攪拌機攪拌至
　膨鬆狀，將細粒砂糖 60g 分成 3 次加入，每次加入後都
　要持續打發，最後打發至硬性發泡的蛋白霜。

⑤ 將材料③的料理缽從湯鍋上取下，並把材料④分成 3 次加
　入，每次都需用打蛋器攪拌至稍微剩下一些蛋白霜，接著
　改用橡膠刮刀從底部向上翻拌均勻。

⑥ 將材料倒入烤模後刮平表面，放入 180 度烤箱中烘烤 20
　分鐘後，接著將溫度調降至 150 度再持續烤 30 分鐘。

⑦ 從烤箱取出後輕輕抽出烘焙紙，接著放置到完全冷卻（1～
　2 小時）。

⑧ 將烤模底部放在稍有高度的器皿上（如罐頭），將烤模側邊
　下壓取下，接著於蛋糕體與烤模底部間插入抹刀，左右滑
　動取下烤模底部，最後將蛋糕切塊。

⑨ 料理缽中放入鮮奶油材料，使用手持式電動攪拌機攪拌至
　中性發泡（用攪拌棒拉起時尖端微微下垂狀），將鮮奶油盛放在法
　式巧克力蛋糕旁作裝飾。

　* 保存方式與入門款法式巧克力蛋糕相同（請參考 P.45）。

松露風味法式巧克力蛋糕

這是一款以松露巧克力球為創意靈感的法式巧克力蛋糕。
在柔滑的甘納許巧克力裡添加少許的麵粉與雞蛋，
作出像是要溶化於口中的口感，使用小型烤模，
並調整烘烤溫度作出半熟口感，創作出宛如享用松露般的豐厚滋味！

材料 直徑 10cm 的圓形烤模（底盤可拆式）1 盤份

巧克力磚（苦味）——— 60g
鮮奶油 ——— 80ml
蛋黃 ——— 1 顆
低筋麵粉 ——— 2 大匙
蛋白 ——— 1 顆
粉糖（或上白糖）——— 20g

事前準備

○ 蛋白與蛋黃各自分開回溫。

○ 將鮮奶油放入耐熱碗，用微波爐加熱約 1 分鐘。

○ 於烤模的側邊塗上沙拉油（份量外），鋪上 5cm 寬的烘焙紙（請參考 P.78）[如照片]。

○ 烤箱預熱 200 度。

○ 用湯鍋煮沸熱水。

作法

① 於料理缽中加入巧克力磚與鮮奶油，放入湯鍋中使其融化。此時請關閉湯鍋的爐火。

＊ 使用微波爐的話，請放入耐熱碗加熱 1 分 30 秒使其融化。

② 將料理缽從湯鍋中取出，使用打蛋器進行攪拌，加入蛋黃後持續攪拌均勻。將低筋麵粉使用萬用過濾器過篩加入，並攪拌至無粉狀顆粒為止，接著放置於湯鍋上等候使用。

③ 於其他料理缽中放入蛋白，使用手持式電動攪拌機攪拌至膨鬆狀，將糖粉分成 3 次加入，每次加入後都要持續打發，最後打發至硬性發泡的蛋白霜。

④ 將材料②的料理缽從湯鍋上取下，並把材料③分成 3 次加入，每次都需用打蛋器攪拌至稍微剩下一些蛋白霜，接著改用橡膠刮刀從底部向上翻拌均勻。

⑤ 將材料倒入烤模後刮平表面，放入 200 度烤箱中烘烤 10 分鐘後，接著將溫度調降至 140 度再持續烤 15 分鐘。

⑥ 從烤箱取出後放置到完全冷卻（1～2 小時）。

⑦ 將烤模底部放在稍有高度的器皿上（如罐頭），將烤模側邊下壓取下，撕除烘焙紙。接著於蛋糕體與烤模底部間插入抹刀，左右滑動取下烤模底部，最後將蛋糕切塊。

＊ 保存方式與入門款法式巧克力蛋糕相同（請參考 P.45）。

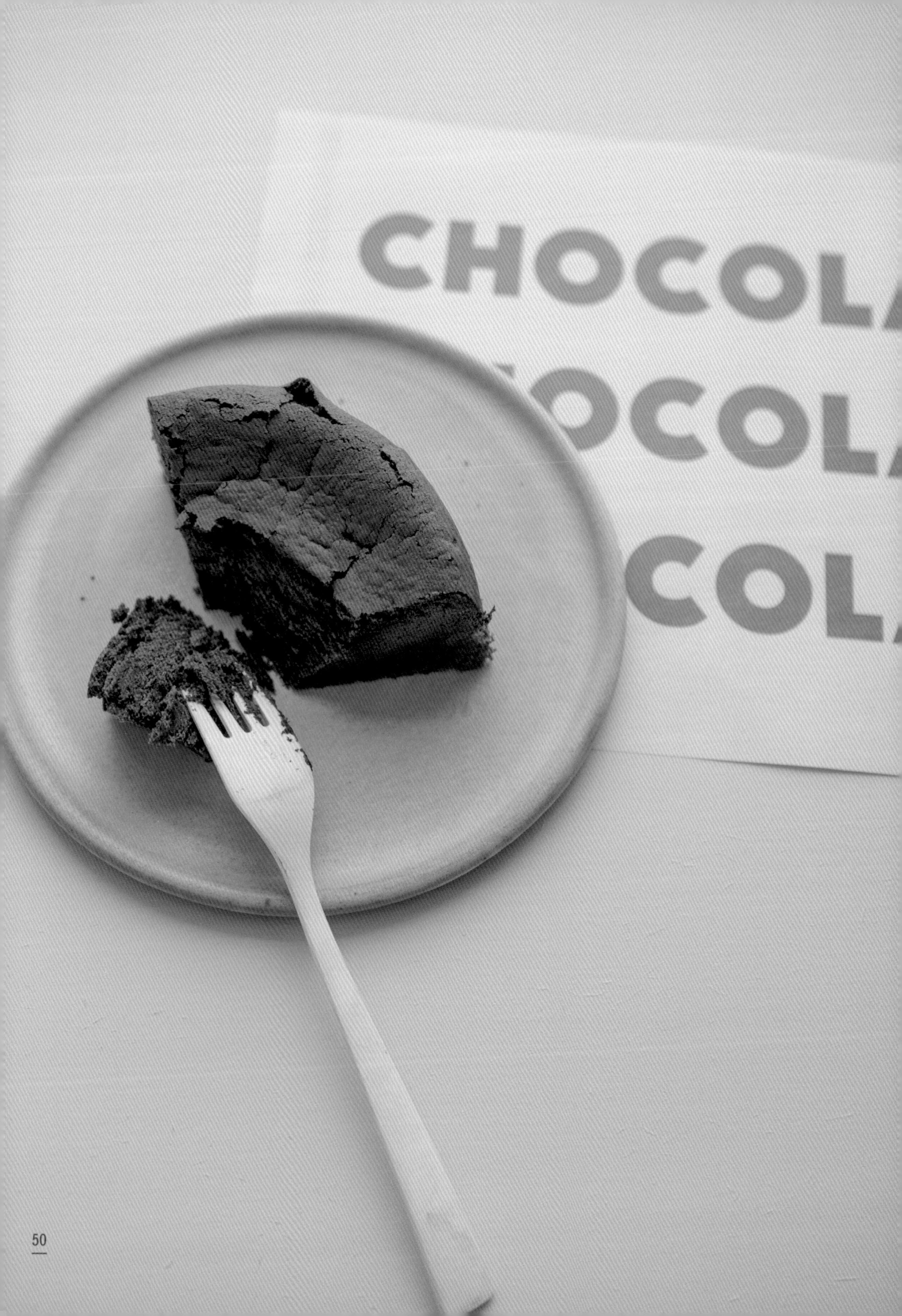
CHOCOLA

法式低卡巧克力蛋糕

用最少的油，添加多一些熱水，就可控制卡洛里並創造出柔軟口感。
使用可可脂較高的巧克力，砂糖改用蔗糖，
這樣也可以創造出令人滿意的美味巧克力蛋糕。
推薦給在意卡洛里的朋友或在意腹部脂肪的男性朋友呦！

材料 　直徑 15cm 圓形烤模（底盤可拆式）1 盤份

烘焙用巧克力（可可脂 70%）——— 90g
菜籽油 ——— 2 大匙
＊ 沙拉油、太白胡麻油皆可使用（請參考 P.75）。

熱水 ——— 60ml
蛋黃 ——— 2 顆
低筋麵粉 ——— 50g
香草精 ——— 少許
蛋白 ——— 3 顆
蔗糖 ——— 50g

事前準備

○ 蛋白與蛋黃各自分開回溫。
○ 於烤模的側邊塗上菜籽油（份量外），鋪上
　6cm 寬的烘焙紙（請參考 P.78）。
○ 烤箱預熱 160 度。
○ 用湯鍋煮沸熱水。

作法

① 於料理缽中加入烘焙用巧克力、菜籽油與熱水，放入湯鍋
　中使其融化。此時請關閉湯鍋的爐火。
　＊ 使用微波爐的話，請放入耐熱碗加熱 1 分 30 秒使其融化。

② 將料理缽從湯鍋中取出，使用打蛋器進行攪拌，加入蛋黃
　後持續攪拌。將低筋麵粉使用萬用過濾器過篩加入，並攪
　拌至無粉狀顆粒為止。接著加入香草精進行攪拌後放置於
　湯鍋上等候使用。

③ 於其他料理缽中放入蛋白，使用手持式電動攪拌機攪拌至
　膨鬆狀，將蔗糖分成 3 次加入，每次加入後都要持續打
　發，最後打發至硬性發泡的蛋白霜。

④ 將材料②的料理缽從湯鍋上取下，並把材料③分成 3 次加
　入，每次都需用打蛋器攪拌至稍微剩下一些蛋白霜，接著
　改用橡膠刮刀從底部向上翻拌均勻。

⑤ 將材料倒入烤模後刮平表面，放入 160 度烤箱中烘烤 40
　分鐘。

⑥ 從烤箱取出後輕輕抽出烘焙紙，接著放置到完全冷卻（1～
　2 小時）。

⑦ 將烤模底部放在稍有高度的器皿上（如罐頭），將烤模側邊
　下壓取下，接著於蛋糕體與烤模底部間插入抹刀，左右滑
　動取下烤模底部，最後將蛋糕切塊。

　＊ 保存方式與入門款法式巧克力蛋糕相同（請參考 P.45）。

送禮小巧思

於透明盒內鋪上可作為緩衝的紙張並
將紙張固定，接著放入法式巧克力蛋
糕，最後再裝入透明袋。關鍵在於透
明袋的封口方式！影印像是雜誌上的
英文字母，將其夾住封口再用釘書機
裝訂固定，這部分就可成為突出的裝
飾重點也可當成把手方便拿取，搖身
變成時髦精美的禮物。

法式南錫巧克力蛋糕

這是一款因盛產杏仁而廣為人知的法國南錫的地方特色巧克力蛋糕。
因添加杏仁粉，放置一段時間後轉變成濕潤濃厚的風味，
且因只使用少量玉米粉，口感也較為輕盈。
當吃膩口味較重的法式巧克力蛋糕時，就會想嘗試輕盈口味的南錫巧克力蛋糕。

| 材料 | 直徑 15cm 圓形烤模（底盤可拆式）1 盤份 |

巧克力磚（苦味）———— 70g
沙拉油 ———— 50g
＊ 菜籽油、太白胡麻油皆可使用（請參考 P.75）。

蛋黃 ———— 3 顆

A ｜ 杏仁粉 [如照片] ———— 50g
　｜ 玉米粉 ———— 1 大匙

蛋白 ———— 3 顆
上白糖（或細粒砂糖）———— 50g
粉糖 ———— 少許
杏仁果 ———— 適量

事前準備

○ 蛋白與蛋黃各自分開回溫。
○ 將 A 材料混合。
○ 於烤模的側邊塗上沙拉油（份量外），鋪上
　6cm 寬的烘焙紙（請參考 P.78）。
○ 烤箱預熱 180 度。
○ 用湯鍋煮沸熱水。

作法

① 於料理鉢中加入巧克力磚與沙拉油，放入湯鍋中使其融
　化。此時請關閉湯鍋的爐火。
　＊ 使用微波爐的話，請放入耐熱碗加熱 1 分 30 秒使其融化。

② 將料理鉢從湯鍋中取出，使用打蛋器進行攪拌，加入蛋黃
　後持續攪拌。將材料 A 使用萬用過濾器過篩加入，並攪
　拌至無粉狀顆粒為止，接著放置於湯鍋上等候使用。

③ 於其他料理鉢中放入蛋白，使用手持式電動攪拌機攪拌至
　膨鬆狀，將上白糖分成 3 次加入，每次加入後都要持續打
　發，最後打發至硬性發泡的蛋白霜。

④ 將材料②的料理鉢從湯鍋上取下，並把材料③分成 3 次加
　入，每次都需用打蛋器攪拌至稍微剩下一些蛋白霜，接著
　改用橡膠刮刀從底部向上翻拌均勻。

⑤ 將材料倒入烤模後刮平表面，放入 180 度烤箱中烘烤 15
　分鐘後，接著把溫度調降到 150 度繼續烘烤 15 分鐘。

⑥ 從烤箱取出後輕輕抽出烘焙紙，接著放置到完全冷卻（1～
　2 小時）。

⑦ 將烤模底部放在稍有高度的器皿上（如罐頭），將烤模側邊
　下壓取下，接著於蛋糕體與烤模底部間插入抹刀，左右滑
　動取下烤模底部。將糖粉用茶葉濾網過篩灑下，最後擺上
　杏仁果作裝飾。
　＊ 保存方式與入門款法式巧克力蛋糕相同（請參考 P.45）。

法式萊姆巧克力蛋糕

法式覆盆莓巧克力蛋糕

法式蜜漬橙香風味
巧克力蛋糕

法式百香果巧克力蛋糕佐芒果丁

法式萊姆巧克力蛋糕

這是一款萊姆風味清爽口感的巧克力蛋糕，
萊姆與柳橙都一樣屬於柑橘系水果，所以與巧克力十分搭配。
而且萊姆帶有芳療效果，身體或心靈似乎可以獲得提升，
盡情享用微酸的萊姆風味巧克力蛋糕吧！

材料　　直徑 15cm 圓形烤模（底盤可拆式）1 盤份

巧克力磚（苦味）───── 120g

沙拉油 ──── 70g

＊ 菜籽油、太白胡麻油皆可使用（請參考 P.75）。

蛋黃 ──── 3 顆

萊姆 ──── 2 顆

低筋麵粉 ──── 60g

蛋白 ──── 3 顆

上白糖（或細粒砂糖）──── 70g

事前準備

○ 萊姆用粗鹽（或科技泡棉）摩擦去蠟，將萊
姆一個個分別刨皮並用保鮮膜分開包起來放
進冷凍保存。其他部分則榨汁，需準備 3 大
匙份量的萊姆汁。

　＊ 使用保鮮膜包起來是為了防止氧化變色。

○ 蛋白與蛋黃各自分開回溫。

○ 於烤模的側邊塗上沙拉油（份量外），鋪上
6cm 寬的烘焙紙（請參考 P.78）。

○ 烤箱預熱 180 度。

○ 用湯鍋煮沸熱水。

作法

① 於料理缽中加入巧克力磚與沙拉油，放入湯鍋中使其融
化。此時請關閉湯鍋的爐火。

　＊ 使用微波爐的話，請放入耐熱碗加熱 1 分 30 秒使其融化。

② 將料理缽從湯鍋中取出，使用打蛋器進行攪拌，依序將蛋
黃、萊姆汁、萊姆皮（1 顆份）一邊加入，一邊持續攪拌。
將低筋麵粉使用萬用過濾器過篩加入，並攪拌至無粉狀顆
粒為止，接著放置於湯鍋上等候使用。

③ 於其他料理缽中放入蛋白，使用手持式電動攪拌機攪拌至
膨鬆狀，將上白糖分成 3 次加入，每次加入後都要持續打
發，最後打發至硬性發泡的蛋白霜。

④ 將材料②的料理缽從湯鍋上取下，並把材料③分成 3 次加
入，每次都需用打蛋器攪拌至稍微剩下一些蛋白霜，接著
改用橡膠刮刀從底部向上翻拌均勻。

⑤ 將材料倒入烤模後刮平表面，放入 180 度烤箱中烘烤 20
分鐘後，接著把溫度調降到 150 度繼續烘烤 30 分鐘。

⑥ 從烤箱取出後輕輕抽出烘焙紙，接著放置到完全冷卻（1～
2 小時）。

⑦ 將烤模底部放在稍有高度的器皿上（如罐頭），將烤模側
邊下壓取下，接著於蛋糕體與烤模底部間插入抹刀，左右
滑動取下烤模底部，刨下萊姆皮隨意灑在蛋糕上，最後切
塊。

　＊ 保存方式與入門款法式巧克力蛋糕相同（請參考 P.45）。

法式覆盆莓巧克力蛋糕

這是一款添加新鮮覆盆莓與利口酒製作而成的時髦巧克力蛋糕。
因覆盆莓容易沉底，所以盡量將其擺放在上面去烘烤是關鍵，
蛋糕完成後切開來看，就可看到水滴圖案，感覺很可愛！

材料　　直徑 15cm 圓形烤模（底盤可拆式）1 盤份

巧克力磚（苦味）—— 100g
沙拉油 —— 60g
＊ 菜籽油、太白胡麻油皆可使用（請參考 P.75）。
覆盆莓利口酒 [如下左圖] —— 1 大匙
＊ 黑醋栗利口酒或櫻桃酒也可使用。
蛋黃 —— 2 顆
低筋麵粉 —— 60g
蛋白 —— 2 顆
上白糖（或細粒砂糖）—— 70g
覆盆莓（新鮮）—— 60g（約 25 顆）

事前準備

○ 蛋白與蛋黃各自分開回溫。
○ 於烤模的側邊塗上沙拉油（份量外），鋪上
　6cm 寬的烘焙紙（請參考 P.78）。
○ 烤箱預熱 180 度。
○ 用湯鍋煮沸熱水。

作法

① 於料理缽中加入巧克力磚與沙拉油，放入湯鍋中使其融
　化。此時請關閉湯鍋的爐火。
　＊ 使用微波爐的話，請放入耐熱碗加熱 1 分 30 秒使其融化。

② 將料理缽從湯鍋中取出，使用打蛋器進行攪拌，加入覆盆
　莓利口酒、蛋黃持續攪拌均勻。將低筋麵粉使用萬用過濾
　器過篩加入，並攪拌至無粉狀顆粒為止，接著放置於湯鍋
　上等候使用。

③ 於其他料理缽中放入蛋白，使用手持式電動攪拌機攪拌至
　膨鬆狀，將上白糖分成 3 次加入，每次加入後都要持續打
　發，最後打發至硬性發泡的蛋白霜。

④ 將材料②的料理缽從湯鍋取下，並把材料③分成 3 次加
　入，每次都需用打蛋器攪拌至稍微剩下一些蛋白霜，接著
　改用橡膠刮刀從底部向上翻拌均勻。

⑤ 將材料④的 8 成先倒入烤模，接著擺上覆盆莓，再將剩餘
　的材料④倒入後 [如下右圖] 刮平表面，放入 180 度烤箱
　中烘烤 20 分鐘後，接著把溫度調降到 150 度繼續烘烤
　20 分鐘。

⑥ 從烤箱取出後輕輕抽出烘焙紙，接著放置到完全冷卻（1～
　2 小時）。

⑦ 將烤模底部放在稍有高度的器皿上（如罐頭），將烤模側邊
　下壓取下，接著於蛋糕體與烤模底部間插入抹刀，左右滑
　動取下烤模底部，最後將蛋糕切塊。
　＊ 保存方式與入門款法式巧克力蛋糕相同（請參考 P.45）。

法式蜜漬橙香風味巧克力蛋糕

蜜漬橙片是一種在橙皮上淋上巧克力的甜點，所以我依此為靈感創作了此款蛋糕。

不用多說，柳橙與巧克力是十分搭配的組合，

開心果鮮艷的綠色與爽脆口感更是有畫龍點睛的效果。

吃完蛋糕後在口中散發開來的橙香風味，真是讓人難以抗拒。

材料 直徑 15cm 圓形烤模（底盤可拆式）1 盤份

巧克力磚（苦味）——— 120g

奶油 ——— 120g

＊沙拉油、菜籽油、太白胡麻油皆可使用，使用時則為 80g（請參考 P.75）。

香橙干邑甜酒（Grand Marnier）[如下左圖]

——— 1 大匙

＊ 君度橙酒（Cointreau）也可使用。若是做給小朋友吃的話，則改加熱水 1 大匙。

蛋黃 ——— 3 顆

低筋麵粉 ——— 70g

切碎橙皮（市售品）——— 50g

開心果（去皮）——— 10g ＋ 5g

蛋白 ——— 3 顆

上白糖（或細粒砂糖）——— 80g

柳橙皮 ——— 1 顆份

事前準備

○ 將柳橙表皮用粗鹽（或科技泡棉）摩擦去蠟後，再磨取柳橙皮。

○ 蛋白與蛋黃各自分開回溫。

○ 開心果分別切碎備用。

○ 於烤模的側邊塗上奶油（份量外），鋪上 6cm 寬的烘焙紙（請參考 P.78）。

○ 烤箱預熱 180 度。

○ 用湯鍋煮沸熱水。

作法

① 於料理缽中加入巧克力磚與奶油，放入湯鍋中使其融化。此時請關閉湯鍋的爐火。

＊ 使用微波爐的話，請放入耐熱碗加熱 2 ～ 3 分使其融化。

② 將料理缽從湯鍋中取出，使用打蛋器進行攪拌，加入香橙干邑甜酒、蛋黃持續攪拌均勻。將低筋麵粉使用萬用過濾器過篩加入，並攪拌至無粉狀顆粒為止。接著加入切碎橙皮與開心果 10g[如下右圖] 進行攪拌後，放置於湯鍋上等候使用。

③ 於其他料理缽中放入蛋白，使用手持式電動攪拌機攪拌至膨鬆狀，將上白糖分成 3 次加入，每次加入後都要持續打發，最後打發至硬性發泡的蛋白霜。

④ 將材料②的料理缽從湯鍋上取下，並把材料③分成 3 次加入，每次都需用打蛋器攪拌至稍微剩下一些蛋白霜，接著改用橡膠刮刀從底部向上翻拌均勻。

⑤ 將材料倒入烤模後刮平表面，灑上開心果 5g，接著放入 180 度烤箱中烘烤 20 分鐘後，接著把溫度調降到 160 度繼續烘烤 30 分鐘。

⑥ 從烤箱取出後輕輕抽出烘焙紙，接著放置到完全冷卻（1～2 小時）。

⑦ 將烤模底部放在稍有高度的器皿上（如罐頭），將烤模側邊下壓取下，接著於蛋糕體與烤模底部間插入抹刀，左右滑動取下烤模底部，最後將蛋糕切塊。

＊ 保存方式與入門款法式巧克力蛋糕相同（請參考 P.45）。

法式百香果巧克力蛋糕
佐芒果丁

百香果酸酸甜甜的清爽滋味，讓蛋糕吃起來不膩口！
這裡使用的百香果果泥在烘培食品材料行都可買得到，再佐上糖漬芒果丁，
就可享受滿滿南洋異國風情的點心時間。

材料　直徑 15cm 圓形烤模（底盤可拆式）1 盤份

巧克力磚（苦味）———— 120g
沙拉油 ———— 60g
＊ 菜籽油、太白胡麻油皆可使用（請參考 P.75）。
蛋黃 ———— 3 顆
百香果果泥（冷凍）———— 70g
低筋麵粉 ———— 80g
蛋白 ———— 3 顆
上白糖 a（或細粒砂糖）———— 80g

〈糖漬芒果丁〉
芒果（新鮮熟成）———— 1/2 顆
上白糖 b（或細粒砂糖）
　　 ———— 1 又 1/2 大匙
檸檬汁 ———— 1 小匙
薄荷（有的話）———— 適量

事前準備

○ 蛋白與蛋黃各自分開回溫。
○ 將百香果果泥自然解凍。
○ 於烤模的側邊塗上沙拉油（份量外），鋪上
　6cm 寬的烘焙紙（請參考 P.78）。
○ 烤箱預熱 180 度。
○ 用湯鍋煮沸熱水。

作法

① 於料理缽中加入巧克力磚與沙拉油，放入湯鍋中使其融
化。此時請關閉湯鍋的爐火。
＊ 使用微波爐的話，請放入耐熱碗加熱 1 分 30 秒使其融化。

② 將料理缽從湯鍋中取出，使用打蛋器進行攪拌，依序將蛋
黃、百香果果泥一邊加入、一邊攪拌均勻。將低筋麵粉使
用萬用過濾器過篩加入，並攪拌至無粉狀顆粒為止，接著
放置於湯鍋上等候使用。

③ 於其他料理缽中放入蛋白，使用手持式電動攪拌機攪拌至
膨鬆狀，將上白糖 a 分成 3 次加入，每次加入後都要持
續打發，最後打發至硬性發泡的蛋白霜。

④ 將材料②的料理缽從湯鍋上取下，並把材料③分成 3 次加
入，每次都需用打蛋器攪拌至稍微剩下一些蛋白霜，接著
改用橡膠刮刀從底部向上翻拌均勻。

⑤ 將材料倒入烤模後刮平表面，放入 180 度烤箱中烘烤 20
分鐘後，接著溫度調降到 150 度繼續烘烤 30 分鐘。

⑥ 從烤箱取出後輕輕抽出烘焙紙，接著放置到完全冷卻（1～
2 小時）。

⑦ 〈糖漬芒果丁〉將芒果去皮後取出果核，切成 2～3cm 的塊
狀大小放入耐熱碗中，並將上白糖 b、檸檬汁也一併放入，
接著用微波爐加熱 2 分後放置冷卻，用保鮮膜包起來放到
冰箱冷藏（1～2 小時）。

⑧ 將⑥烤模底盤放在稍有高度的器皿上（如罐頭），將烤模側
邊下壓取下，接著於蛋糕體與烤模底部間插入抹刀，左右
滑動取下烤模底部，將蛋糕切塊後盛放在器皿中，佐上材
料⑦再擺上薄荷葉作裝飾。

＊ 保存方式與入門款法式巧克力蛋糕相同（請參考 P.45）。

法式紅茶巧克力蛋糕

一開始只是很普通地加入紅茶，結果紅茶的風味都被巧克力蓋掉了很失望。
後來，改將紅茶慢慢蒸煮後再加入，紅茶的香氣變成可在口中擴散開來。
紅茶不管使用哪種紅茶皆可，我推薦使用香味較強烈的伯爵紅茶。

材料　　直徑 15cm 圓形烤模（底盤可拆式）1 盤份

A｜伯爵紅茶（茶包）
　　　──── 10g（5 包）
　　牛乳──── 60ml
　　水──── 60ml
巧克力磚（苦味）──── 70g
沙拉油──── 60g
＊ 菜籽油、太白胡麻油皆可使用（請參考 P.75）。
上白糖（或細粒砂糖）──── 20g + 60g
蛋黃──── 3 顆
低筋麵粉──── 70g
蛋白──── 3 顆
花朵形狀的糖果（有的話）──── 適量

事前準備

○ 將伯爵紅茶從茶包中取出茶葉，準備 10g。
○ 蛋白與蛋黃各自分開回溫。
○ 於烤模的側邊塗上沙拉油（份量外），鋪上
　6cm 寬的烘焙紙（請參考 P.78）。
○ 烤箱預熱 180 度。
○ 用湯鍋煮沸熱水。

作法

① 於小鍋中放入材料 A，以中火煮 2 分鐘後關閉爐火 [如下左
　圖]，蓋上鍋蓋讓其繼續悶煮 3 分鐘，再以茶葉濾網過濾 [如
　下右圖]，測量倒出紅茶茶湯 60ml。

② 於料理缽中加入巧克力磚與沙拉油，放入湯鍋中使其融
　化。此時請關閉湯鍋的爐火。
　＊ 使用微波爐的話，請放入耐熱碗加熱 1 分 30 秒使其融化。

③ 將料理缽從湯鍋中取出，使用打蛋器進行攪拌，依序將上
　白糖 20g、蛋黃、材料①一邊加入、一邊攪拌均勻。將低
　筋麵粉使用萬用過濾器過篩加入，並攪拌至無粉狀顆粒為
　止，接著放置於湯鍋上等候使用。

④ 於其他料理缽中放入蛋白，使用手持式電動攪拌機攪拌至
　膨鬆狀，將上白糖 60g 分成 3 次加入，每次加入後都要
　持續打發，最後打發至硬性發泡的蛋白霜。

⑤ 將材料③的料理缽從湯鍋上取下，並把材料④分成 3 次加
　入，每次都需用打蛋器攪拌至稍微剩下一些蛋白霜，接著
　改用橡膠刮刀從底部向上翻拌均勻。

⑥ 將材料倒入烤模後刮平表面，放入 180 度烤箱中烘烤 20
　分鐘後，接著溫度調降到 150 度繼續烘烤 25 分鐘。

⑦ 從烤箱取出後輕輕抽出烘焙紙，接著放置到完全冷卻（1～
　2 小時）。

⑧ 將烤模底部放在稍有高度的器皿上（如罐頭），將烤模側邊
　下壓取下，接著於蛋糕體與烤模底部間插入抹刀，左右滑
　動取下烤模底部，將蛋糕切塊後盛放在器皿中，最後再擺
　上花朵形狀糖果作裝飾。

＊ 保存方式與入門款法式巧克力蛋糕相同（請參考 P.45）。

法式栗子 & 蘭姆酒巧克力蛋糕

這是以蒙布朗蛋糕為靈感所創作的法式巧克力蛋糕。
於麵團中揉入栗子醬作出濕潤與鬆散的口感，並且加入糖漬栗子，滿滿的栗子風味。
再添加散發輕柔香氣的蘭姆酒，就好像是品嘗著蒙布朗的滋味，是一款別具特色的法式巧克力蛋糕！

材料   直徑 15cm 圓形烤模（底盤可拆式）1 盤份

巧克力磚（苦味）———— 100g
沙拉油 ———— 50g
＊ 菜籽油、太白胡麻油皆可使用（請參考 P.75）。
蛋黃 ———— 2 顆
蘭姆酒 ———— 2 小匙
＊ 若是給小朋友食用的話則改為熱水 2 小匙。
栗子醬（罐裝）[如下圖] ———— 100g
低筋麵粉 ———— 40g
蛋白 ———— 2 顆
上白糖（或細粒砂糖）———— 50g
糖漬栗子（烘焙專用）———— 70g ＋適量
可可粉 ———— 適量

事前準備

○ 蛋白與蛋黃各自分開回溫。
○ 於烤模的側邊塗上沙拉油（份量外），鋪上
　6cm 寬的烘焙紙（請參考 P.78）。
○ 烤箱預熱 180 度。
○ 用湯鍋煮沸熱水。

作法

① 於料理缽中加入巧克力磚與沙拉油，放入湯鍋中使其融
　化。此時請關閉湯鍋的爐火。
　＊ 使用微波爐的話，請放入耐熱碗加熱 1 分 30 秒使其融化。

② 將料理缽從湯鍋中取出，使用打蛋器進行攪拌，依序將蛋
　黃、蘭姆酒、栗子醬一邊加入、一邊攪拌均勻。將低筋麵
　粉使用萬用過濾器過篩加入，並攪拌至無粉狀顆粒為止，
　接著放置於湯鍋上等候使用。

③ 於其他料理缽中放入蛋白，使用手持式電動攪拌機攪拌至
　膨鬆狀，將上白糖分成 3 次加入，每次加入後都要持續打
　發，最後打發至硬性發泡的蛋白霜。

④ 將材料②的料理缽從湯鍋上取下，並把材料③分成 3 次加
　入，每次都需用打蛋器攪拌至稍微剩下一些蛋白霜，接著
　改用橡膠刮刀從底部向上翻拌均勻。

⑤ 將材料倒入烤模約八分滿，擺上栗子 70g，再倒入剩餘的
　材料後刮平表面，放入 180 度烤箱中烘烤 20 分鐘後，接
　著把溫度降到 150 度繼續烘烤 30 分鐘。

⑥ 從烤箱取出後輕輕抽出烘焙紙，接著放置到完全冷卻（1 ～
　2 小時）。

⑦ 將烤模底部放在稍有高度的器皿上（如罐頭），將烤模側
　邊下壓取下，接著於蛋糕體與烤模底部間插入抹刀，左右
　滑動取下烤模底部。將可可粉用茶葉濾網過篩輕灑於蛋糕
　上，最後切塊並擺上栗子作裝飾。
　＊ 保存方式與入門款法式巧克力蛋糕相同（請參考 P.45）。

材料	直徑 15cm 圓形烤模（底盤可拆式）1 盤份

作法

巧克力磚（苦味）——— 80g
菜籽油 ——— 60g
＊ 沙拉油、太白胡麻油皆可使用（請參考 P.75）。
蛋黃 ——— 2 顆
低筋麵粉 ——— 60g
水煮紅豆（罐裝）——— 150g
肉桂粉 ——— 1/4 小匙＋適量
蛋白 ——— 2 顆
A｜蔗糖 ——— 30g
　｜上白糖 ——— 30g

事前準備

○ 蛋白與蛋黃各自分開回溫。
○ 將 A 材料混合。
○ 於烤模的側邊塗上菜籽油（份量外），鋪上 6cm 寬的烘焙紙（請參考 P.78）。
○ 烤箱預熱 180 度。
○ 用湯鍋煮沸熱水。

① 於料理缽中加入巧克力磚與菜籽油，放入湯鍋中使其融化。此時請關閉湯鍋的爐火。
　＊ 使用微波爐的話，請放入耐熱碗加熱 1 分 30 秒使其融化。

② 將料理缽從湯鍋中取出，使用打蛋器進行攪拌，加入蛋黃再持續攪拌。將低筋麵粉使用萬用過濾器過篩加入，並攪拌至無粉狀顆粒為止。接著加入水煮紅豆、肉桂粉 1/4 小匙再攪拌均勻，最後放置於湯鍋上等候使用。

③ 於其他料理缽中放入蛋白，使用手持式電動攪拌機攪拌至膨鬆狀，將 A 分成 3 次加入，每次加入後都要持續打發，最後打發至硬性發泡的蛋白霜。

④ 將材料②的料理缽從湯鍋上取下，並把材料③分成 3 次加入，每次都需用打蛋器攪拌至稍微剩下一些蛋白霜，接著改用橡膠刮刀從底部向上翻拌均勻。

⑤ 將材料倒入烤模後刮平表面，肉桂粉用茶葉濾網過篩輕灑於麵團表面，放入 180 度烤箱中烘烤 20 分鐘後，接著把溫度調降到 150 度繼續烘烤 25 分鐘。

⑥ 從烤箱取出後輕輕抽出烘焙紙，接著放置到完全冷卻（1～2 小時）。

⑦ 將烤模底部放在稍有高度的器皿上（如罐頭），將烤模側邊下壓取下，接著於蛋糕體與烤模底部間插入抹刀，左右滑動取下烤模底部，最後將蛋糕切塊。
　＊ 保存方式與入門款法式巧克力蛋糕相同（請參考 P.45）。

紅豆巧克力蛋糕

為了保留紅豆的口感所以使用水煮紅豆，且為了散發肉桂風味也添加了肉桂粉，
這是一款可以品嘗到些微懷舊風味的法式巧克力蛋糕。

材料　　直徑 15cm 圓形烤模（底盤可拆式）1 盤份

巧克力磚（苦味）———— 120g
沙拉油 ———— 70g
＊ 菜籽油、太白胡麻油皆可使用（請參考 P.75）。
薑汁 ———— 1 大匙
＊ 把薑磨碎後，再用篩子過濾。
蛋黃 ———— 3 顆
低筋麵粉 ———— 60g
蛋白 ———— 3 顆
上白糖（或細粒砂糖）———— 70g
深煎白芝麻 ———— 1 大匙＋ 1 小匙

事前準備

○ 蛋白與蛋黃各自分開回溫。
○ 於烤模的側邊塗上沙拉油（份量外），鋪上
　 6cm 寬的烘焙紙（請參考 P.78）。
○ 烤箱預熱 180 度。
○ 用湯鍋煮沸熱水。

作法

① 於料理缽中加入巧克力磚與沙拉油，放入湯鍋中使其融
　 化。此時請關閉湯鍋的爐火。。
　 ＊ 使用微波爐的話，請放入耐熱碗加熱 1 分 30 秒使其融化。

② 將料理缽從湯鍋中取出，使用打蛋器進行攪拌，依序將薑
　 汁、蛋黃一邊加入、一邊持續攪拌。將低筋麵粉使用萬用
　 過濾器過篩加入，並攪拌至無粉狀顆粒為止，接著放置於
　 湯鍋上等候使用。

③ 於其他料理缽中放入蛋白，使用手持式電動攪拌機攪拌至
　 膨鬆狀，將上白糖分成 3 次加入，每次加入後都要持續打
　 發，最後打發至硬性發泡的蛋白霜。

④ 將材料②的料理缽從湯鍋上取下，並把材料③分成 3 次加
　 入，每次都需用打蛋器攪拌至稍微剩下一些蛋白霜，接著
　 改用橡膠刮刀從底部向上翻拌均勻。

⑤ 將白芝麻 1 大匙加入材料攪拌後倒入烤模並刮平表面，隨
　 意灑上白芝麻 1 小匙，放入 180 度烤箱中烘烤 20 分鐘後，
　 接著把溫度調降到 150 度繼續烘烤 30 分鐘。

⑥ 從烤箱取出後輕輕抽出烘焙紙，接著放置到完全冷卻（1 ～
　 2 小時）。

⑦ 將烤模底部放在稍有高度的器皿上（如罐頭），將烤模側邊
　 下壓取下，接著於蛋糕體與烤模底部間插入抹刀，左右滑
　 動取下烤模底部，最後將蛋糕切塊。

　 ＊ 保存方式與入門款法式巧克力蛋糕相同（請參考 P.45）。

薑汁巧克力蛋糕

像是日式口味、又像是生薑蛋糕，是一款全新口味的法式巧克力蛋糕。
牛薑的清爽辛辣風味搭配白芝麻的顆粒口感，是容易令人上癮、印象深刻的蛋糕。

焦糖巧克力蛋糕

之前的太妃焦糖布朗尼（P.34）是使用市售的焦糖，在這裡則是自己手作焦糖醬汁拌入麵糊中。

為了顯現出焦糖的甜味而使用牛奶巧克力，為了作出香甜的太妃糖滋味而添加了奶油。

關鍵在於不要讓焦糖醬汁過焦，目標是作出淡茶色的蛋糕。

材料 　直徑 15cm 圓形烤模（底盤可拆式）1 盤份

〈焦糖醬汁〉

上白糖（或細粒砂糖）———— 50g

水 ———— 1 大匙

鮮奶油 ———— 80ml

巧克力磚（牛奶）———— 80g

奶油 ———— 50g

蛋黃 ———— 2 顆

低筋麵粉 ———— 70g

蛋白 ———— 2 顆

上白糖（或細粒砂糖）———— 60g

事前準備

○ 蛋白與蛋黃各自分開回溫。

○ 於烤模的側邊塗上奶油（份量外），鋪上 6cm 寬的烘焙紙（請參考 P.78）。

○ 烤箱預熱 180 度。

○ 用湯鍋煮沸熱水。

作法

① 〈焦糖醬汁〉於小鍋中加入上白糖與水以中火熬煮，待煮成淡茶色時關閉爐火卸下小鍋，加入鮮奶油[如下圖左　右]進行攪拌。

 ＊ 若是煮到深茶色過焦的話，放入烤箱烘烤時蛋糕就會變苦，所以煮成淡茶色即可。

② 於料理缽中加入巧克力磚與奶油，放入湯鍋中使其融化。此時請關閉湯鍋的爐火。

 ＊ 使用微波爐的話，請放入耐熱碗加熱 1 分 30 秒使其融化。

③ 在材料②中依序將蛋黃、材料①一邊加入、一邊持續攪拌。將低筋麵粉使用萬用過濾器過篩加入，並攪拌至無粉狀顆粒為止，接著放置於湯鍋上等候使用。

④ 於其他料理缽中放入蛋白，使用手持式電動攪拌機攪拌至膨鬆狀，將上白糖分成 3 次加入，每次加入後都要持續打發，最後打發至硬性發泡的蛋白霜。

⑤ 將材料③的料理缽從湯鍋上取下，並把材料④分成 3 次加入，每次都需用打蛋器攪拌至稍微剩下一些蛋白霜，接著改用橡膠刮刀從底部向上翻拌均勻。

⑥ 將材料倒入烤模並刮平表面，放入 180 度烤箱中烘烤 20 分鐘後，接著把溫度調降到 150 度繼續烘烤 30 分鐘。

⑦ 從烤箱取出後輕輕抽出烘焙紙，接著放置到完全冷卻（1～2 小時）。

⑧ 將烤模底部放在稍有高度的器皿上（如罐頭），將烤模側邊下壓取下，接著於蛋糕體與烤模底部間插入抹刀，左右滑動取下烤模底部，最後將蛋糕切塊。

 ＊ 保存方式與入門款法式巧克力蛋糕相同（請參考 P.45）。

法式巧克力戚風蛋糕

這是使用戚風蛋糕的材料創作而成的法式巧克力蛋糕，
然而由於麵粉用量較少、且沒有使用戚風蛋糕模型，
待蛋糕冷卻之後中間膨鬆的地方（氣泡）就無法支撐得住，所以需倒扣冷卻。
因此，此款蛋糕可以品嘗到戚風蛋糕獨特的膨鬆鬆軟的口感喔！

材料	直徑 15cm 圓形烤模（底盤可拆式）1 盤份

巧克力磚（苦味）———— 60g

熱水 ———— 50ml

蛋黃 ———— 2 顆

上白糖 ———— 2 大匙＋ 40g

沙拉油 ———— 20ml

＊ 菜籽油、太白胡麻油皆可使用（請參考 P.75）。

低筋麵粉 ———— 35g

蛋白 ———— 2 顆

粉糖 ———— 適量

食用花卉（有的話）———— 適量

事前準備

○ 蛋白與蛋黃各自分開回溫。

○ 於烤模的側邊塗上沙拉油（份量外），鋪上
6cm 寬的烘焙紙（請參考 P.78）。

○ 烤箱預熱 160 度。

作法

① 於較小的料理缽中放入巧克力磚與熱水，放置 1 ～ 2 分
鐘待其溶化後攪拌至滑順為止。

② 於較大的料理缽中加入蛋黃與上白糖 2 大匙，用打蛋器攪
拌至變白黏稠狀態 [如下左圖]，再加入沙拉油持續攪拌。

③ 將材料①加入材料②後進行攪拌，再將低筋麵粉使用萬用
過濾器過篩加入，並攪拌至無粉狀顆粒為止。

④ 於其他料理缽中放入蛋白，使用手持式電動攪拌機攪拌至
膨鬆狀，將上白糖 40g 分成 2 次加入，每次加入後都要
持續打發，最後打發至硬性發泡的蛋白霜。

⑤ 把材料④分成 3 次加入材料③，每次都需用打蛋器攪拌至
稍微剩下一些蛋白霜，最後改用橡膠刮刀從底部向上翻拌
均勻。

⑥ 將材料倒入烤模並刮平表面，放入 160 度烤箱中烘烤 45
分鐘。

⑦ 從烤箱取出後輕輕抽出烘焙紙，在網架上鋪上新的烘焙
紙，將烤模倒扣在網架上放置到完全冷卻（1～2小時）[如
下右圖]。

⑧ 將烤模側邊插入抹刀剝離蛋糕體，把烤模底部放在稍有高
度的器皿上（如罐頭），按壓烤模側邊下壓取下，接著於
蛋糕體與烤模底部間插入抹刀，左右滑動取下烤模底部，
將蛋糕盛放於器皿上，糖粉用茶葉濾網過篩灑在蛋糕上，
最後擺上食用花卉作裝飾。

＊ 保存方式與入門款法式巧克力蛋糕相同（請參考 P.45）。

熔岩巧克力蛋糕

Moelleux 是法語「柔軟」的意思，用叉子劃開蛋糕，蛋糕中間內餡的巧克力醬慢慢溢出，
於麵糊中間藏入甘納許巧克力醬，短時間烘烤後即可完成！
加入甘納許巧克力醬的麵糊可以冷凍保存約 2 週左右，放在烤模內的狀態去冷凍的話，
想要享用時就可隨時烤來吃，在熱呼呼的蛋糕旁佐上冰淇淋即可享用！

材料 　直徑 5.5 cm的圓形烤模 6 整份

〈甘納許巧克力醬〉
巧克力磚（苦味）———— 40g
鮮奶油 ——— 40ml
蘭姆酒 ——— 1 小匙

〈蛋糕麵糊〉
巧克力磚（苦味）———— 70g
沙拉油 ——— 2 大匙と 1/2
＊ 如果用奶油是 65g（參考 p.75）。
蛋黃 ——— 2 顆
低筋麵粉 ——— 30g
蛋白 ——— 2 顆
上白糖 ——— 50g

香草冰淇淋———— 適量

事前準備

○ 蛋白與蛋黃各自分開回溫。
○ 於圓形烤模的內側塗上沙拉油（份量外），鋪
　上裁切成 6 x 20cm 的烘焙紙。
　＊ 烘焙紙務必要比烤模高。
○ 將烘焙紙裁切 6 張 7 ～ 8cm 方形大小（鋪底
　用）。
○ 烤箱預熱 180 度。
○ 用湯鍋煮沸熱水。

作法

① 〈甘納許巧克力醬〉於耐熱碗中放入鮮奶油，用微波爐加熱約
　30 秒後，倒入放有巧克力磚的料理缽中，放置約 1 分鐘
　再用橡膠刮刀攪拌至滑順，再加入蘭姆酒再攪拌。
　＊ 巧克力未融化時須放置於湯鍋上使其融化。

② 將材料①整個料理缽放入冰箱冷凍 10 ～ 15 分鐘。待其
　凝固後用湯匙劃分成 6 等份，搓成圓形後再放入冷凍備
　用。

③ 〈蛋糕麵糊〉於料理缽中加入巧克力磚與沙拉油，放入湯鍋
　中使其融化。此時請關閉湯鍋的爐火。
　＊ 使用微波爐的話，請放入耐熱碗加熱 1 分 30 秒使其融化。

④ 將料理缽從湯鍋中取出，使用打蛋器攪拌至滑順後再加入
　蛋黃繼續攪拌，將低筋麵粉使用萬用過濾器過篩加入，並
　攪拌至無粉狀顆粒為止，接著放置於湯鍋上等候使用。

⑤ 於其他料理缽中放入蛋白，使用手持式電動攪拌機攪拌至
　膨鬆狀，將上白糖分成 3 次加入，每次加入後都需用打蛋
　器攪拌至稍微剩下一些蛋白霜，最後改用橡膠刮刀從底部
　向上翻拌均勻。

⑥ 於烤盤上擺上裁切好的烘焙紙，將圓形烤模放上烘焙紙[如
　下左圖]，將材料⑤倒至烤模約五分滿，中間再擺上冷凍狀
　態的材料②甘納許巧克力，最後將剩餘的麵糊平均倒入烤
　模 [下右圖]，放入 180 度烤箱中烘烤 15 分鐘。

⑦ 從烤箱取出後撕除底部的烘焙紙放入盤中，將烤模由下往
　上拔取出來，再將四周的烘焙紙撕除後盛放於器皿上，佐
　上香草冰淇淋，趁熱享用蛋糕吧！
　＊ 烤模燙手，請注意不要燙傷！務必使用隔熱手套拿取（或是戴兩層麻布
　手套拿取）。

包裝用小道具

無論是布朗尼還是法式巧克力蛋糕都是以巧克力色居多，從外表來看都算很樸素，因此會依包裝不同而變身為時髦精美的禮物。而且包裝的顏色愈單一、樣式愈簡單的話更能突顯此款西點的特色。

所以在此介紹幾款小道具給各位認識～

包裝紙

包裝紙盡量選擇可以凸顯布朗尼或法式巧克力蛋糕的設計或顏色。線條或是幾何圖形是最安全的選擇，只要不是太過獨特的設計的話，就可以突顯西點、成為很有品味的包裝。建議可在包裝用品專賣店或文具店等選購幾張喜愛的包裝紙備用。

玻璃紙、膠帶、透明袋

切塊分裝時墊在西點下方的紙使用會吸油的玻璃紙是最適當的。由於顏色種類很多，在色彩鮮豔的紙張上擺放布朗尼或法式巧克力蛋糕就會變成華麗的禮品。透明袋則配合西點大小選擇袋子尺寸，封口處再用膠帶封裝起來的話，只要一撕就可取下很方便。若是使用可愛的紙膠帶固定封口的話更能增添包裝的特色。

盒子或瓶罐

蛋糕專用盒的尺寸與種類都很多，各位可於烘培食品材料行自行選購。布朗尼可選用 18cm 的外盒、法式巧克力蛋糕則選用 15cm 的外盒即可適用。由於透明盒可以看見盒中物品，收到時又會格外開心。還有，像是附把手的透明罐，對於切塊可堆疊的布朗尼是最合適的，記得要選擇寬口的透明罐，這樣放取布朗尼較為方便。

英文字母印刷紙

想要作出獨特創意的包裝時，建議可利用從雜誌等書籍裁剪文字或印刷文字下來使用可具有很好的效果。無論是彩色印刷的文字，連黑白印刷的文字也很時尚。簡單易懂的英文字母或是數字等是最推薦使用的，可作為手拿的地方或是作為包裝紙使用，又或是作單一包裝重點等等…。完全依個人設計可以創造出全世界獨一無二的包裝。

製作布朗尼與法式巧克力蛋糕的
基本常識

無論是布朗尼或法式巧克力蛋糕都是簡單、容易製作的西點，最主要是需在材料的選擇或蛋糕製作工具、事前準備等方面稍加注意。因此，在這裡介紹布朗尼與法式巧克力蛋糕可共用的材料與製作工具，以及製作法式巧克力蛋糕時最關鍵的蛋白霜打發技巧等等。請各位牢記在心，在實際製作蛋糕時將會派上用場喔！

○ 巧克力的種類

大致分為巧克力磚與烘焙用巧克力（調溫巧克力 Couverture Chocolate），兩者最大的差異是巧克力的風味與口中融化程度不同，用途上則幾乎沒有差別。巧克力磚到處皆可買得到、口味較平易近人、價格也較實惠。烘焙用巧克力則是專業師傅使用，風味較好、可可脂較多所以於口中容易融化、價格也比較高，可於食品材料行或網路購買取得。

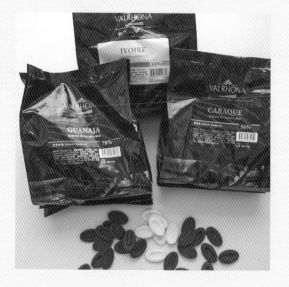

巧克力磚

左上方照片裡陳列的巧克力由左而右依序為
森永苦味巧克力
森永牛奶巧克力（各 50g/ 森永製菓 Morinaga）
明治代可可脂黑巧克力
明治牛奶巧克力（各 50g/ 明治 Meiji）
加納牛奶巧克力（50g/ 樂天 Lotte）
極醇可可 70% 黑巧克力（100g/ 瑞士蓮 Lindt）
種類十分豐富，日本國內外各種品牌的巧克力皆隨處可見。依品牌不同口味多少有些差異，嘗試各種巧克力也是一種樂趣。

剩下的巧克力……

剩餘的巧克力磚，請用保鮮膜包裹後存放於冰箱的蔬果冷藏區。而使用剩下的烘焙用巧克力則放入密閉容器後再存放於冰箱的蔬果冷藏區。兩者都請務必盡早使用完畢。

烘焙用巧克力

右上方照片裡陳列的巧克力由左而右依序為
瓜納拉 70% 黑巧克力鈕扣
（1kg/ 法芙娜 VALRHONA）
味道濃郁醇厚、優雅的苦味中帶有持續香氣的黑巧克力。

IVOIRE 35% 白巧克力鈕扣
（1kg/ 法芙娜 VALRHONA）
纖細的香氣並帶有滑順口感的白巧克力。

CARAQUE 56% 均衡可可味巧克力
（1kg/ 法芙娜 VALRHONA）
堅果香氣與可可風味絕妙均衡搭配的黑巧克力。

○ 油的種類

在本書中食用油幾乎取代了奶油來進行西點製作，我挑選的都是不影響西點風味、對身體有益的食用油，但由於橄欖油的香味較為強烈，因此使用時須注意。食譜上除了實際使用的油品以外，也記載其他適合搭配使用的油品，因此請利用手邊現有的材料即可。

使用奶油時……

奶油跟巧克力一樣，使用湯鍋（或微波爐）加熱融化後當成油品使用。烘焙後會帶有奶油特有香味與少許甜味，香氣層次豐富是其主要特色。

左圖中由左而右分別為

初榨菜籽油（600g/ 米澤製油）

從菜籽中壓榨出來的油，富含油酸與維生素K，耐熱性佳。由於幾乎沒有味道，所以非常適合用來製作西點。

日清沙拉油（400g/ 日清 oillio）

屬於一般的沙拉油，料理上也很常使用，是由大豆、菜籽、玉米等 2 種以上的原料調合而成的食用油。

特級冷壓初榨有機橄欖油
（250ml/ 有機尼諾 Alce Nero）

雖然橄欖油分有將整顆橄欖果實壓榨取得的初榨橄欖油與純橄欖油（使用初榨橄欖油與精製橄欖油調合而成的食用油），其中又以冷壓初榨橄欖油較為推薦。但因為橄欖油有種獨特香氣，本書上僅介紹在製作布朗尼時少量使用。

太白胡麻油（300g/ 日本竹本油脂）

提到胡麻油，大多是指經過烘炒、富含獨特香氣、帶有濃郁顏色的胡麻油，而太白胡麻油是將未經烘炒過的胡麻直接壓榨抽出的，因此幾乎是無色、無香、無味，非常適用用來製作西點。營養價值也很高，不易氧化。

椰子油
（454g/Omega Nutrition）

這是從椰子製成的油，耐熱性強、有益於美容與健康。初榨椰子油會有強烈的獨特椰子香氣，因此製作西點時使用精製的椰子油，它無香無味且不易氧化，但是製作椰香布朗尼（P.20）時則特別使用初榨椰子油。

○ 其他主要材料

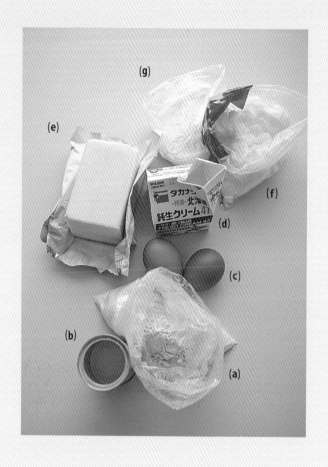

(a) 低筋麵粉

麵粉中麩質較少的低筋麵粉適合用來製作西點，但因容易受潮生蟲，使用後需將袋口封緊後放置冰箱保存。

(b) 泡打粉

製作甜點或麵包時使用的膨鬆劑，亦稱為發粉。在只需攪拌製作的西點上為了讓麵團膨脹也會少量使用。

(c) 雞蛋

本書是使用 L size 的雞蛋，雞蛋會影響西點的美味程度，因此需使用新鮮雞蛋來製作。蛋黃與蛋白需分開使用時，建議從冰箱取出後須馬上將蛋黃與蛋白分開取出，並放入不同容器內讓其回溫。若是讓雞蛋回溫後再將蛋黃蛋白分開的話，蛋黃則較容易破裂。

(d) 鮮奶油

鮮奶油有動物性鮮奶油與植物性鮮奶油兩種，本書使用的是動物性鮮奶油，含脂量為 45 ～ 48%。

(e) 奶油

西點製作需使用無鹽奶油，本書主要是使用食用油，只會在需要奶油獨特風味或增加香氣層次時使用。長時間保存時建議存放於冷凍，若是存放在冷藏，因奶油容易吸附其他食物味道，請盡快使用完畢。

(f) 上白糖

是日本最受歡迎的砂糖。因口感潤澤豐厚、易於溶解，本書主要使用上白糖來製作。

(g) 微粒細粒砂糖

比一般砂糖的顆粒更為細緻，經常使用於製作糕點。因一般砂糖的顆粒不易溶解、容易殘留，所以製作西點時建議使用細粒砂糖。本書是在製作經典法式巧克力蛋糕（P.46）時使用。

○ 用具介紹

製作布朗尼與法式巧克力蛋糕無需準備特殊用具，請使用慣用的用具即可。然而，烤模等器具需準備齊全，製作西點前除了材料以外用具部分也事前準備完成的話，可讓糕點製作作業順利。

測量工具

電子磅秤
製作西點時需精確量測食材重量，建議使用最大量測值 1～2kg，量測最小單位 1g 的電子磅秤。

量杯
量測液體材料時使用，因容易有量測誤差，建議從正前方直視確認量杯刻度。

量匙
建議準備大匙（15ml）、小匙（5ml）兩種。量測粉狀材料時需使用量匙的握柄等將表面刮平。

網篩

萬用過濾器
粉類材料過篩時使用，建議使用附有掛勾可直接架在料理缽上，直徑約 16～18cm 的網篩。

茶葉濾網
製作法式紅茶巧克力蛋糕（P.60）時作為茶葉濾網使用之外，最後裝飾灑糖粉或可可粉等過篩時也可使用。

攪拌

料理缽
建議使用熱傳導性佳的不銹鋼料理缽，這是在熱鍋中隔水加熱溶解巧克力時的必備用具。直徑 26cm 與 22cm 兩種料理缽較為方便使用，若需使用微波爐時則須準備耐熱玻璃製的料理缽。

手持式電動攪拌機
打發蛋白霜時使用。電動攪拌機款式有很多，建議選擇可調整速度 3 段以上、攪拌棒較大且堅固的攪拌機。

打蛋器（鋼絲攪拌棒）
建議準備全長 27cm 與全長 21cm 兩種打蛋器，可配合攪拌的材料份量作區分使用。鋼絲較硬的攪拌棒，適合用來攪拌材料；鋼絲較有彈性的攪拌棒則適合用來打發材料。

橡膠刮刀
建議準備可耐高溫的刮刀。刮刀是用於混合麵團時、或是刮取料理缽上的麵團、或是將麵團表面刮平時作使用。刮刀有很多款式，建議選擇適合自己手感的款式。

烘焙

烤盤
使用附屬於烤箱內的烤盤，因烤箱機型不同，附屬烤盤的大小或形狀多少有些差異。

烘焙紙
鋪放在烤模上的紙，因表面光滑所以容易從蛋糕體上撕離。

方形烤模
製作布朗尼時使用 18x18cm 底盤不可拆式的烤模，若是有經過 silicon 或鐵氟龍等不沾黏加工處理，就不用擔心生鏽問題。

圓形烤模
因法式巧克力蛋糕的表面容易損壞，因此使用直徑 15cm 底盤可拆式的烤模，並選擇有鐵氟龍不沾黏處理的款式。

圓形蛋糕模
直徑 5.5cm 的圓形蛋糕模使用於熔岩巧克力蛋糕（P.70）製作。因為此款模具沒有底部，所以只要將蛋糕體從中拔取出來即可，另外需裁切麵團時也可使用。

平整

抹刀
塗奶油或抹平麵糊時使用，選擇具有彈力的抹刀比較容易使用。

○ 製作時的注意要點

在此將介紹兩點關於製作布朗尼與法式巧克力蛋糕時需要注意的事項。第一點，烤模內需舖上烘焙紙以及該如何舖設的方法。第二點，製作蛋白霜時的注意事項。不管哪一點都很重要，請務必牢記在心。

烤模內張舖烘焙紙

無論是布朗尼還是法式巧克力蛋糕，製作開始前的事前準備需將烤模塗上薄薄地一層油後再舖上烘焙紙。本書所使用的 18cm 方形烤模與 15cm 的圓形烤模則可參考以下的展開圖進行裁剪，準備模具適用的烘焙紙。

製作布朗尼時	**製作法式巧克力蛋糕時**
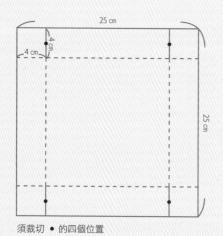	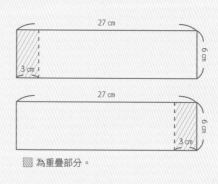
須裁切 ● 的四個位置	▨ 為重疊部分。

① 用手指沾油，將烤模全部薄薄地塗上一層油。
② 將裁切好的烘焙紙舖入烤模，將虛線處摺疊起來，有重疊的地方再塗上油，讓烘焙紙確實黏緊。
③ 這樣就舖設完成了！

① 用手指沾油，從烤模口以下約 2cm 處薄薄地塗上一層油。
② 將裁切好的烘焙紙舖黏在①有塗上油的地方，讓烘焙紙從烤模上方凸出約 4cm，這是為了防止烘烤時蛋糕體膨脹溢出、方便烘烤後容易取下蛋糕體，且冷卻之後蛋糕體會再縮回烤模中。
③ 這樣就舖設完成了！

打發蛋白霜時的注意要點

蛋白霜的氣泡就是讓法式巧克力蛋糕蓬鬆的主因，所以蛋白霜的製作非常重要。

將蛋白放入乾淨無油無水的料理缽中，使用手持式電動攪拌器將攪拌速度調至「強速」，把蛋白打發至蓬鬆白色狀態，再將砂糖分成 3 次加入，每次加入砂糖後就打發一次。

用攪拌棒將蛋白霜舀起，前端呈下垂狀時將攪拌器速度切換為「弱速」，再繼續打發 1 ～ 2 分鐘。用攪拌棒舀起檢視呈現完全挺立狀態、或是將料理缽倒放蛋白霜不會流下的狀態時便完成打發作業。

手持式電動攪拌器的攪拌棒有很多款式

手持式電動攪拌器因機型不同所附帶的攪拌棒樣式也有所差異。

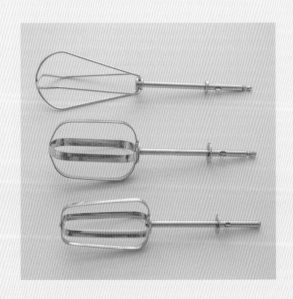

照片中由上至下分別為
大型攪拌棒
本書中所使用的就是此款。馬達較大的機型大多是附贈此款攪拌棒，即使量多也可一次快速打發起泡。
打發 3 顆蛋白需 2 ～ 3 分鐘。

介於大型攪拌棒與小型攪拌棒中間
剛好是介於中間尺寸的大小，是最安全的款式。打發 3 顆蛋白需 4 ～ 5 分鐘。

小型攪拌棒
馬達較小的機型大多是附帶此款攪拌棒，力道也是較弱的，要打發完全挺立的蛋白霜，比起大型攪拌棒需耗費雙倍時間。打發 3 顆蛋白需 5 ～ 6 分鐘。

TITLE

布朗尼&古典巧克力蛋糕 幸福魔法

STAFF

ORIGINAL JAPANESE EDITION STAFF

出版	瑞昇文化事業股份有限公司	発行者	大沼 淳
作者	石橋香	ブックデザイン	小橋太郎（YEP）
譯者	蔡佳玲	撮影	竹内章雄
		スタイリング	池水陽子
總編輯	郭湘齡	調理アシスタント	荻澤智世　前田恵理
文字編輯	徐承義　蔣詩綺　李冠緯	校閲	山脇節子
美術編輯	孫慧琪	編集	小橋美津子（YEP）　田中 薫（文化出版局）
排版	曾兆珩		
製版	印研科技有限公司		
印刷	桂林彩色印刷股份有限公司		

法律顧問　　經兆國際法律事務所　黃沛聲律師

戶名	瑞昇文化事業股份有限公司
劃撥帳號	19598343
地址	新北市中和區景平路464巷2弄1-4號
電話	(02)2945-3191
傳真	(02)2945-3190
網址	www.rising-books.com.tw
Mail	deepblue@rising-books.com.tw
初版日期	2019年3月
定價	350元

國家圖書館出版品預行編目資料

布朗尼&古典巧克力蛋糕 幸福魔法：使
用巧克力磚及喜愛的食用油即可創造出
超值美味 / 石橋かおり著；蔡佳玲譯. --
初版. -- 新北市：瑞昇文化, 2019.03
80 面；19 x 25.7公分
譯自：ブラウニーとガトーショコラ
ISBN 978-986-401-317-3(平裝)
1.點心食譜
427.16　　　　　　　108002811